通信百科入门丛书

电台通信

主　编：郭　勇

编　者：张亚妮　马　欢

张长青　原　方

主　审：李　卫

国防科技大学出版社

·长沙·

图书在版编目（CIP）数据

电台通信/郭勇主编. —长沙：国防科技大学出版社，2023.10

（通信百科入门丛书/何一，李卫丛书主编）

ISBN 978-7-5673-0625-7

Ⅰ. ①电… Ⅱ. ①郭… Ⅲ. ①无线电通信 Ⅳ. ①TN92

中国国家版本馆 CIP 数据核字（2023）第 185519 号

通信百科入门丛书

电台通信

DIANTAI TONGXIN

郭　勇　主编

责任编辑：廖生慧

责任校对：吴梦姣

出版发行：国防科技大学出版社

地　　址：长沙市开福区德雅路 109 号

邮政编码：410073　　电　　话：（0731）87028022

印　　制：国防科技大学印刷厂　　开　　本：850×1168　1/32

印　　张：6　　字　　数：105 千字

版　　次：2023 年 10 月第 1 版　　印　　次：2023 年 10 月第 1 次

书　　号：ISBN 978-7-5673-0625-7

定　　价：40.00 元

网址：https://www.nudt.edu.cn/press/

通信百科入门丛书

丛书主编

何　一　　李　卫

分册主编

《微波接力与散射通信》　吴广恩

《电台通信》　郭　勇

《光纤通信》　潘　青　车雅良

《卫星通信》　毛志杰

《量子通信》　东　晨

《电信交换》　王　凯

前　言

电台通信具有传输距离远、机动灵活、网络重构便捷等优点，是构建机动通信网的重要支撑，近年来得到了广泛的重视和快速的发展。常规电台通信主要包括短波和超短波两种类型，两者在设备构成上基本类似，但短波和超短波频段电波传播特性的差异深刻影响了应用场景。短波电台主要采用天波传播方式实现远距离通信，受地形地貌影响小，但天波信道特性复杂，不易建立稳定可靠的宽带链路。超短波信道相对稳定，支持话音甚至宽带数据业务，但电波地面绕射能力差、衰减大，只适宜近距离通信。因此，良好的运维专业素养是发挥好短波和超短波电台技战术性能的关键。我们在总结多年来专业教学实践经验的基础上编写了本书，以期服务于读者的工作和学习需要。

本书聚焦电台通信，将重要技术概念和系统功能单元，如天波传播、自适应通信、跳频图案、典型设备等归纳总结为 80 多个知识点，文字精要浅显，且均有对应的图表，帮助读者快速入门。同时，本书附有精心设计的习题，便于读者自我测试提高。本书既可作为电台专业的入门培训教材，也可作为相关岗位的专业参考书。

本书由郭勇担任主编，张亚妮、马欢、张长青、原方参与了编写工作，李卫指导本书的编写并审阅了全书。在本书编写过程中，国防科技大学试验训练基地领导给予了关心和支持，唐正国、荆锋对编写工作也提出了宝贵的建议，在此一并感谢。

由于时间仓促和编者水平有限，书中难免存在疏漏之处，敬请批评指正。

编　者

2023 年 8 月

目录

CONTENTS

1 原理篇

2 设备篇

3 测试题

1 原理篇

1 短波

按照国际无线电咨询委员会（CCIR）的划分，短波是指波长10~100m（频率30~3MHz）的电磁波。短波的波长短，沿地球表面传播的地波绕射能力差，传播的有效距离短。短波以天波形式传播时，在电离层中所受到的吸收作用小，有利于电离层的反射。其经过一次反射可以得到100~4 000km的跳跃距离。经过电离层和大地的几次连续反射，传播的距离更远。

2 短波通信

利用短波进行的无线电通信称为短波通信，又称高频（HF）通信。为了充分利用短波远距离通信的优点，短波通信实际使用的频率范围为1.5~30MHz。短波通信发射电磁波经过电离层的反射到达接收设备，通信距离较远，是远程通信的主要手段。由于电离层的高度和密度容易受昼夜、季节、气候等因素的影响，因此短波通信的稳定性较差，噪声较大。但是，随着技术进步，特别是自适应技术、猝发传输技术、数字信号处理技术、差错控制技术、扩频技术、超大规模集成电路技术和微处理器的出现与使用，短波通信进入了一个崭新的发展阶段。短波通信设备使用方便、组网灵活、价格低廉、抗毁性强等固有优点，是支撑短波通信战略地位的重要因素。

3　短波通信特点

尽管新型无线电通信系统不断涌现，短波这一古老而传统的通信方式仍然受到全世界普遍重视，不仅没有淘汰，还在不断快速发展。短波通信的优缺点主要有以下几个方面。

优点包括：不需要建立中继站即可实现远距离通信；设备简单，既可固定通信，也可移动通信；有很强的使用灵活性；容易隐蔽，抗毁能力强，被破坏后容易恢复。缺点包括：可供使用的频段窄，通信容量小；天波信道是变参信道，信号传输稳定性差；大气和工业无线电噪声干扰严重。

4　短波信道噪声

短波信道的噪声主要包括大气噪声、人为噪

声、电台干扰等。短波波段的大气噪声主要是天电干扰，由大气放电产生。天电干扰与电波频率和时间有关。通常，在安静区域和频率低于20MHz的情况下，大气噪声占主要地位。人为噪声也称工业干扰，它是由各种电气设备、电力网和点火装置所产生的。人为噪声与地理位置有关，在大部分地区都处于主导地位。电台干扰是指和工作电台频率相近的其他无线电台的干扰，包括无意干扰和有意干扰。无意干扰是短波波段的窄频带和多用户的矛盾造成的，而对于军用电台，敌方的有意干扰则是影响通信畅通的主要因素。

5 地波传播

所谓地波传播，指的是当电台的收发天线较低，且其最大辐射方向沿着地球表面时，电磁波沿着地球表面传播的现象，如图1所示。地波属于绕射波，其通信特点包括：一是传播信号较稳定，基本不受气象条件的影响；二是随着电波频率增高，传输损耗迅速增大；三是适用于无线电波低端频率工作，多用于近距离通信。

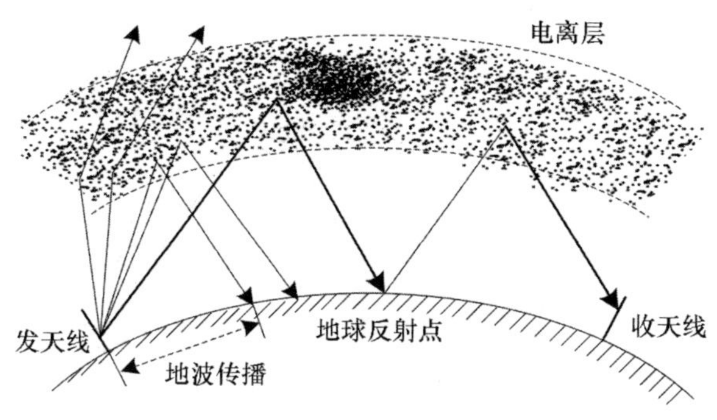

图 1 地波传播

6 电离层结构

在距离地面 60～1 000km 的高空，大气层比较稀薄，这些稀薄的大气层在太阳辐射能的作用下，分子或原子中的一个或若干个电子游离出来成为自由电子而发生电离，使高空形成了一个厚度为几百千米的电离现象显著的区域，这个区域被称为电离层。

电离层电子密度呈不均匀分布，按照电子密度随高度变化的情况，可把它们依次分为 D 层、E 层、F1 层和 F2 层。F2 层的电子密度最大，F1 层次之，D 层电子密度最小。就每层而言，电子密度也并不均匀，而是在每层中的适当高度

上出现最大值 N_{max}，如图 2 所示。

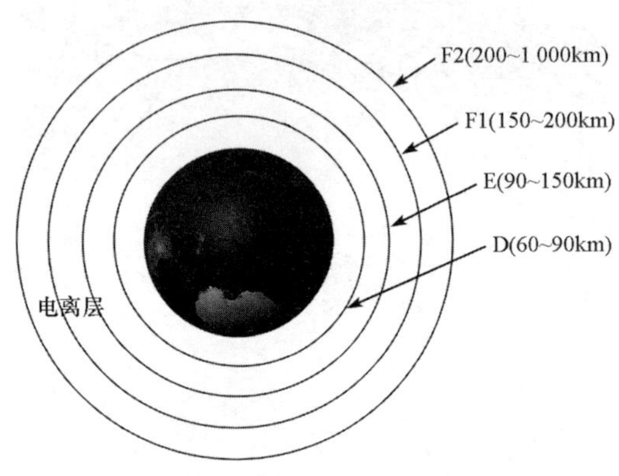

图 2　电离层分布示意图

（1）D 层

D 层是最低层，出现在地球上空 60 ~ 90km 的高度处，最大电子密度发生在 70km 处。D 层出现在太阳升起时，消失在太阳降落后，在夜间不再对短波通信产生影响。D 层的电子密度不足以反射短波，所以短波以天波传播时将穿过 D 层。不过，在穿过 D 层时电波会遭受严重的衰减，频率越低，衰减越大。而且在 D 层中的衰减量远远大于 E 层、F 层，所以称 D 层为吸收层。在白天，D 层决定了短波传播的距离，以及为了获得良好的传播所必需的发射机功率和天线增益。

（2）E 层

E 层出现在地球上空 90～150km 的高度处，最大电子密度发生在 110km 处，在白天数值基本不变。在通信线路设计和计算时，通常都以 110km 作为 E 层高度。和 D 层一样，E 层出现在太阳升起时，并在中午电离达到最大值，随后逐渐减小，在太阳降落后，E 层对短波传播实际上已不起作用。在电离开始后，E 层可以反射高于 1.5MHz 频率的电波。

（3）Es 层

Es 层称为偶发 E 层，是偶尔出现在地球上空 120km 高度处的电离层。Es 层虽然是偶尔存在，但是由于它具有很高的电子密度，甚至能将高于短波波段的频率反射回来，因而目前在短波通信中，许多人都希望能选用它来作为反射层。当然采用 Es 层应十分谨慎，否则有可能使通信中断。

（4）F 层

对短波通信来讲，F 层是最重要的，在一般情况下，远距离短波通信都选用 F 层作反射层。这是由于和其他导电层相比，它高度最高，因而可以传播最远的距离，所以习惯上称 F 层为反射层。

在白天，电离层包括 D 层、E 层、F1 层和 F2 层，也就是说，在白天 F 层有两层：F1 层位于地球上空150～200km高度处；F2层位于地球上空200～1 000km高度处。它们的高度在不同季节和一天内不同时刻是变化的。

F2层和其他层不同，日落以后并没有完全消失，仍保持有剩余的电离。虽然夜间F2层的电子密度较白天降低了一个数量级，但仍足以反射短波某一频段的电波。当然，夜间能反射的频率远低于白天。

由此可以粗略看出，若要保持昼夜短波通信，则其工作频率必须昼夜更换，而且一般情况下夜间工作频率远低于白天工作频率。这是因为高的频率能穿过低电子密度的电离层，只在高电子密度的导电层反射。所以若昼夜不改变工作频率（如夜间仍使用白天的频率），其结果有可能是电波穿出电离层，造成通信中断。

7 天波传播

无线电波射向天空又折回地面的部分称为天波，如图3所示。天波是无线电波经由电离层反射进行传播的一种工作模式。倾斜投射的天波经电离层反射后，可以传播到几千千米外的地面，天波的传播损耗比地波小得多。由电离层反射回的电波传播相对较远，尤其是在地面和电离层之

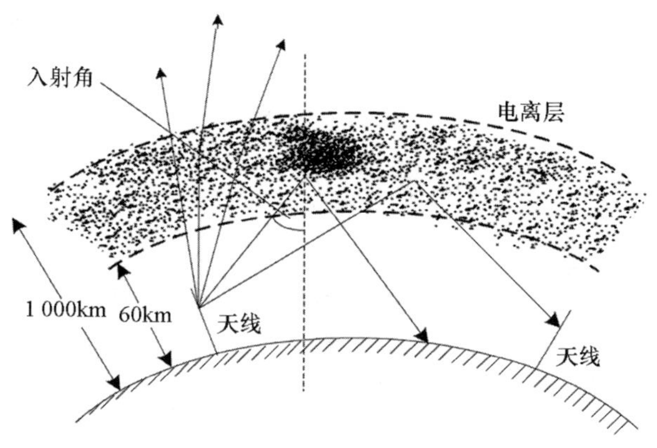

图3　天波传播

间多次反射（多跳传播）之后，可以到达极远的地方。因此，利用天波可以进行环球通信。由于工作频率超过30MHz时电离层反射能力减弱，电磁波会穿透电离层而不能到达地面；工作频率低于3MHz时因电离层吸收损耗过大而不适合天波传播，因此天波传播最适合的工作频率是短波频段的3～30MHz。天波传播受电离层变化和多径传输的严重影响而极不稳定，其信道参数随时间而急剧变化，因此常称为时变信道或变参信道。尽管天波传播不稳定，但由于可以实现远距离通信，因此仍然远比地波传播重要。天波不仅可用于远距离通信，还可以用于近距离通信。在地形复杂、短波地波或视距微波受阻挡而无法到达的地区，利用高仰角投射的天波可以实现通信。

8 短波通信静区

在短波传播中，存在着地面波和天波均不能到达的区域，这个区域通常称为静区，如图4中A、B之间的通信区域。短波静区是短波通信的固有特征，缩小静区的方法主要有两种：一是通过调整电台的工作频率或者增大发射功率，进而扩大地波覆盖区域，使图中A点向右侧移动，覆盖目标点C；二是可以调整发射天线的俯仰角，使天波覆盖区域左移，即使图中B点向左移动，覆盖目标点C。

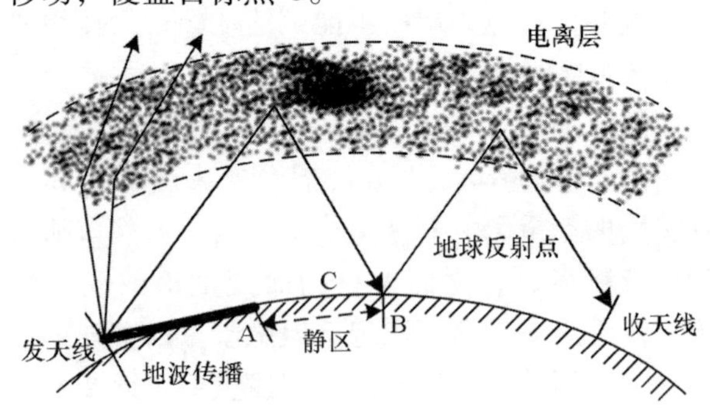

图4　短波静区

9 实时信道估值技术

实时信道估值（RTCE）是描述实时测量一组信道的参数，并利用得到的参数值来定量描述信道的状态和传输某种通信业务的能力的过程。RTCE 的特点是，不考虑电离层的结构和具体变化，从特定的通信模型出发，实时地处理到达接收端不同频率的信号，并根据诸如接收信号的能量、信噪比、误码率、多径时延、多普勒频移、衰落特征、干扰分布、基带频谱和失真系数等信道参数的不同情况和不同通信质量要求，选择通信使用的频段和频率。因此，广义地说，实施频率预测类似一种在短波信道上实时进行的同步扫频通信，只是所传递的消息和对信息的解释是为了评价信道的质量，及时地给出通信频率。显然，这种在短波通信电路上进行的频率实时预报和选择，要比建立在统计学基础上的长期预测和短期预测准确。它的突出优点是：

（1）可以提供高质量的通信电路，提高传递信息的准确度；

（2）可以采用实时频率分配和调用，扩大用户数量；

（3）可以提高高质量通信干线的利用率；

（4）在任何电离层干扰的情况下，可以为每个用户、每条电路提供可利用的频率资源。因而，在电缆、卫星通信中断时，短波通信能够担负起紧急的通信任务。

10 单工工作

这种工作方式是指一端发送信息，而对端（一个或多个接收端）只收不发，收发双方不要求对答，如图 5 所示。例如，口语或文字新闻广播、各社团企业内部业务广播、气象广播、海浪或冰况情况广播、标准频率和时间信号广播、防汛水情通报等业务通常采用单向工作方式。

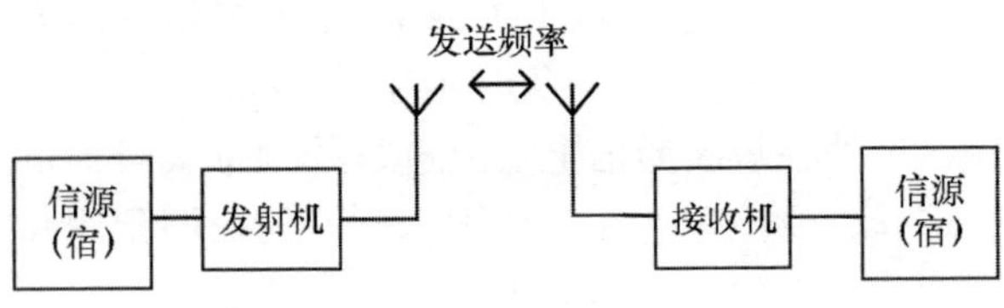

图 5　单工工作

11　半双工工作

半双工工作是指通信双方轮流向对方发送信息，A 端发送时 B 端接收，B 端发送时 A 端接收，双方使用同一个发射频率，因而不能同时发送，如图 6 所示。双方各只有一副天线，既用于发射也用于接收。电台工作时各方需要根据自己处于发射状态还是接收状态，将天线接到发射机或接收机上。天线的转换可以手动完成，也可以由话音或电传打字机自动控制。半双工工作主要适用于只有一个电话或电报（莫尔斯人工电报或电传打字电报）信息的小型电台，特别是便携式电台，或者供装在车辆、船只和飞行器上的移动电台与装置小功率（1kW 以内）发射机的基地电台之间通信使用。基地电台和移动电台使用的单工机通常是发射和接收部分合装在一起的收发信机。

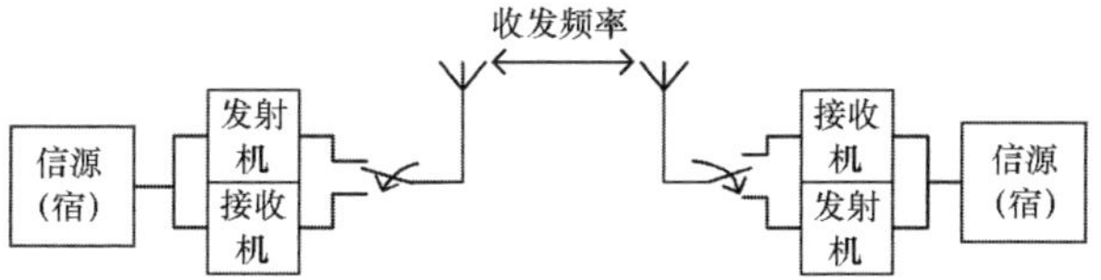

图 6　半双工工作

12　全双工工作

全双工工作需要双向同时传送信息。例如，要求接入公用或专用通信网的电话业务，双方通话用户不可能根据需要随时转换信道的传输方向，因此不能以半双工方式工作，如图 7 所示。又如，多路复用的电报链路也不能以半双工方式工作，因为如果其中一个信道需要转换方向，必然会影响其他正在工作的信道，即使当时其他信道都处于停止工作状态，也不可改变传输方向。一旦遇到以上情况，就需要使用全双工通信。全双工工作时，通信双方使用不同的频率，且都需使用独立的发射机和发射天线以及接收机和接收天线。在全双工工作时，应避免发射机干扰接收

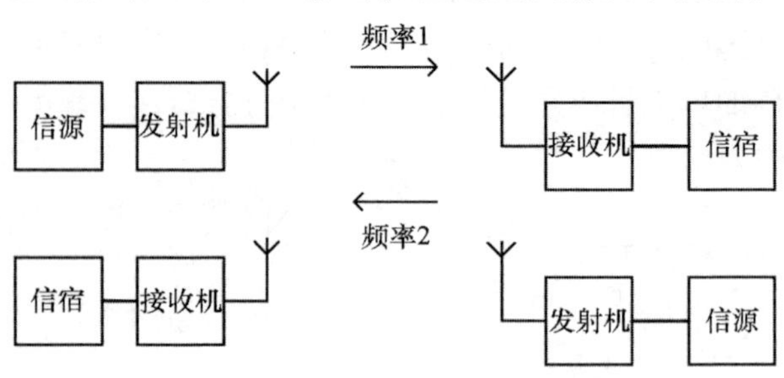

图 7　全双工工作

机的正常接收工作，必要时应将发射机和接收机分别安装在有一定距离的发射台和接收台内。

13 无线电波在电离层中的传播特点

电波到达电离层，可能发生三种情况：被电离层完全吸收、折射回地球或穿过电离层进入外层空间，这些情况的发生与频率密切相关。低频端的吸收程度较大，并且随着电离层电离密度的增大而增大。天波传播的情形如图8所示。电波进入电离层的角度称为入射角，入射角对通信距离有很大的影响。对于较远距离的通信，应用较大的入射角，反之，应用较小的入射角。但是，如果入射角太小，电波会穿过电离层而不会折射回地面；如果入射角太大，电波在到达电离密度大的较高电离层前会被吸收。因此，入射角应选择在保证电波能返回地面而又不被吸收的范围内。

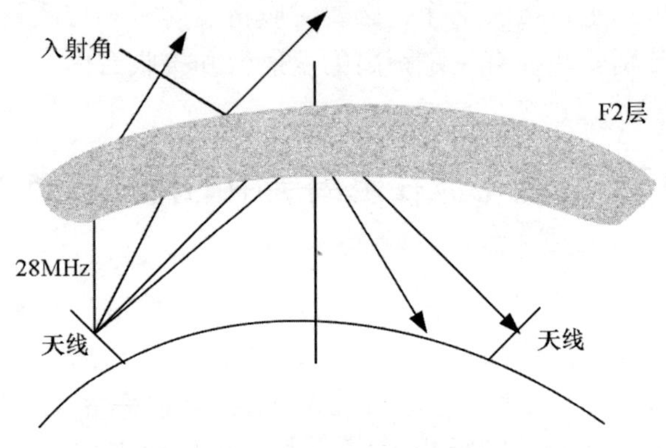

图 8 天波传播示意图

14 天波多跳传播

在天波传播中，往往存在着多跳模式，如图 9 所示。图中，电波经过两次 F 层反射（两跳），称为 2F 模式。表 1 中列出了在不同通信距离时，可能存在的传播模式。

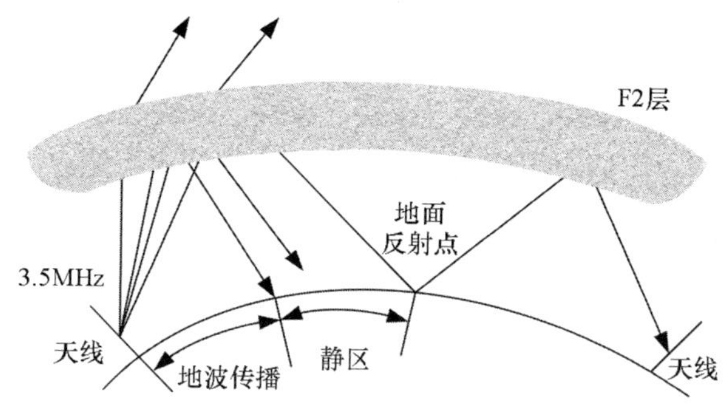

图9　天波多跳传播

表1　不同距离可能存在的传播模式

通信距离/km	可能存在的传播模式
<2 000	1E，1F，2E
2 000~4 000	2E，1F，2F，1E2F
4 000~6 000	3E，4E，2F，3F，4F，1E1F，2E1F
6 000~8 000	4E，2F，3F，4F，1E2F，2E2F

15　最高可用频率

最高可用频率（MUF）是指给定通信距离下，能被电离层反射回地面的电波的最高频率，是电波能返回地面和穿出电离层的临界值，如果频率高于此临界值，则电波穿过电离层，不再返回地面。MUF 还和反射层的电离密度有关，影响电离密度的因素，都将影响 MUF 的值。当通信线路选用 MUF 作为工作频率时，由于只有一条传播路径，因此一般情况下，有可能获得最佳接收。考虑电离层的结构变化，以及为保证获得长期稳定的接收，在确定线路的工作频率时，不是取预报的 MUF 值，而是取低于 MUF 的频率 OWF。OWF 即最佳工作频率，一般情况下，OWF = 0.85MUF。从统计意义上讲，使用 OWF 能保证通信线路有 90% 的可通率。

16　短波自适应通信

短波通信具有通信距离远、机动性好、顽存性强和多种通信能力等独特优点，如今仍然被广泛应用。然而，短波通信也存在信道的时变色散特性和高电平干扰等弱点。因此，为了提高短波通信的质量，最根本的途径是实时地避开干扰，找出具有良好传播条件的无噪声信道，其关键是采用自适应技术。

从广义上讲，自适应技术就是能够连续测量信号和系统变化，自动改变系统结构和参数，使系统能自行适应环境的变化和抵御人为干扰的技术。短波自适应的内涵很广，包括自适应选频、自适应跳频、自适应功率控制、自适应数据速率、自适应调零天线、自适应调制解调器、自适应均衡、自适应网管等。

改善高频无线电通信质量、提高可通率的有效途径是实时地选频和换频，使通信线路始终在传播条件良好的弱噪声信道上工作。因此，从狭义上来讲，高频自适应就是指频率自适应——在通信过程中，不断测试短波信道的传输质量，实时选择最佳工作频率，使短波通信链路始终在传输条件较好的信道上。下面的讲述也主要以频率自适应为例来进行说明。

17　单台间双向链路质量分析

单台间的双向链路质量分析（LQA）是指两个电台对一组预置的信道逐个进行线路质量分析。其任一信道的 LQA 过程由探测呼叫、应答和确认三个步骤完成，如图 10 所示。

（1）探测呼叫

主呼台首先对目标台发出探测信号（包括主呼台和目标台识别地址的编码信号），目标台识别后，接收并测量其信号质量进行评分，再记录下来。

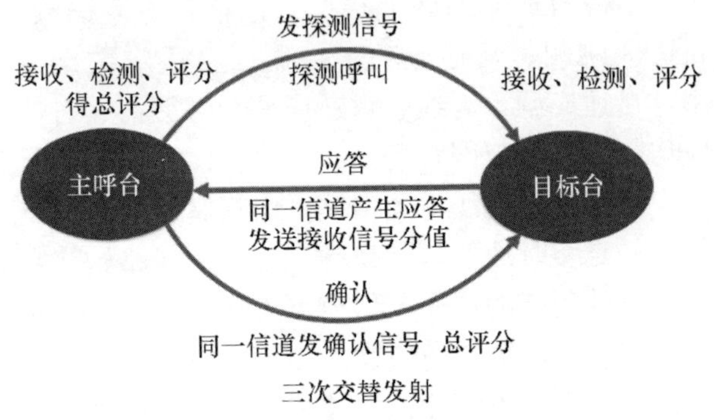

图 10　单台间双向 LQA

(2) 应答

目标台在同一信道上向主呼台发出应答信号，其中包含探测信号和对来自主呼台探测信号的质量评分信息。主呼台接收并记录该信息，同时对来自目标台的应答信号的质量进行测量、评分和记录。这样，主呼台就掌握了通过该信道双向传输信号的质量评分，从而得到该信道的质量总评分。

(3) 确认

主呼台再次通过该信道向目标台发出信号，其中包含对该信道的质量总评分信息，从而保证主呼台和目标台关于该信道的质量评分记录完全一致。

至此，对一个信道的双向 LQA 过程结束。

双方又开始对另一个信道按上述“探测呼叫→应答→确认”这三个步骤进行双向 LQA。对所有信道逐个进行双向 LQA，就可得到每个信道的质量评分，然后双方均按照评分的高低顺序，将所有信道排序，并存入存储器中。

18 单台间自动链路建立

短波自适应通信系统能根据 LQA 矩阵全自动地建立通信线路，这种功能也称自动链路建立(ALE)，如图 11 所示。自动建立通信线路是短波自适应通信最终要解决的问题。它是基于接收自动扫描、选择呼叫和 LQA 综合运用的结果。自动建立通信线路的过程如图所示，简单描述如下：

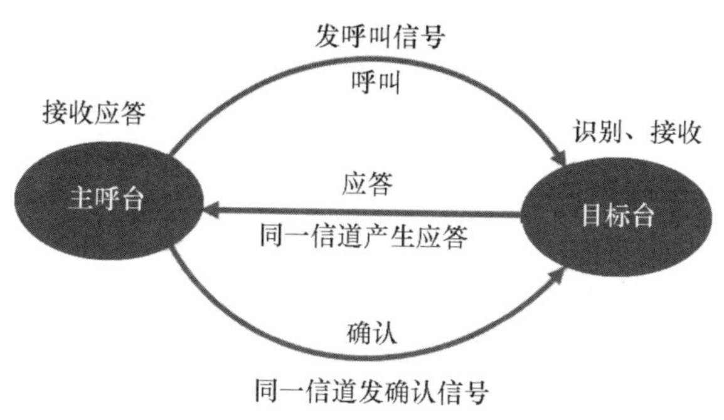

图 11　ALE 过程

假定通信线路上只有甲、乙两个电台，甲台为主叫，乙台为被叫。在线路未沟通时，甲、乙两台都处于接收状态，即甲、乙台都在规定的一组信道上进行自动扫描接收。扫描过程中在每一个信道上都要停顿一下，监视是否有呼叫信号。若甲台有信息发送乙台，则要向乙台发出呼叫，即键入乙台呼叫地址，并按下“呼叫”按钮。此时系统就自动按照LQA矩阵内频率的排列次序，从得分最高的频率开始向乙台发出呼叫。呼叫发送完毕后，等待乙台发回的应答信号。若收不到应答信号，就自动转到得分次高的频率上发送呼叫信号。以此类推，直到收到应答信号。对于乙台，在接收扫描过程中，当发现某信道上有呼叫信号时，就立即停止扫描接收，检查该呼叫地址是否为本台地址，若不是本台地址，则自动继续进行扫描接收；若检查结果确定为本台地址，就立即在该信道上以相同的频率给主呼台发应答信号，通常用本台地址作为应答信号。此时接收机就由“接收”(RECEIVE）模式转入“等待”（STANDBY）模式，等待对方发送来的消息。甲台收到乙台发回的应答信号，与发出的呼叫信号核对，确认是被叫的应答信号后，立即由“呼叫”模式转为“准备”（READY）模式，准备发送消息。至此，甲、乙两台的通信线路正式建立，整个系统就变成传统的短波通信系统，甲、乙两台在优选的信道上进行单工方式的消息传送。

19 单呼

单呼是指主呼台对单个目标台发起的呼叫。主呼台首先在目标的地址上发起呼叫，然后在规定的时间内等待目标台的应答，目标台收到呼叫后立即发出应答信号，并在规定的时间内等待主呼台的确认信号，当目标台收到确认信号后，两台间便建立了链路（两单台都停留在相同的信道上）。

20 网呼

网呼是指网内成员台对本网内其他成员台发起的呼叫。主呼台首先在网络地址上发起网络呼叫，然后在规定的时间内等待其他成员台的应答；在接收到应答信号，且应答时间结束后，给各成员台发送确认信号。各成员台收到网络呼叫后，按照先后顺序依次发出应答信号，并在规定的时间内等待主呼台的确认信号，当目标台收到确认信号后，网络内的通信链路便建立了。若某成员台因各种原因未给出应答，主呼台仍然可以与其他应答的成员台建立通信链路。

21 全呼

全呼是指一种广播式的呼叫，主呼台呼叫时不指向任何特定的地址，收到全呼的成员台也不需要对主呼台做出应答。主呼台发完呼叫后自动停留在呼叫信道上，收到全呼的成员台也自动停留在全呼信道上。

22 跳频通信

在广阔地域使用短波通信时，都希望通信线路畅通和保密，然而，经常会遇到窃听、电子对抗、信道拥塞等问题。常规短波电台用固定频率发射和接收信号，因而无法避开这些问题，必须利用跳频技术才能彻底克服。

跳频通信就是针对上述传统无线电通信的弊端，使原先固定不变的无线电发信频率按一定的规律和速度来回跳变，并让约定方也按此规律和速度同步跟踪接收。由于其他人不了解我方无线电信号的跳变规律，因此很难将信息截获。尽管其他人也可以采用“跟踪干扰”的方式来干扰我方电台，但由于跳频频谱变化无常，往往是他刚搜索到某发送频率，其立即又变了，很难做到紧跟不舍。此外，如果其他人实行全面干扰（即“宽带阻塞干扰”），不仅会消耗巨大功率，而且还可能因此而暴露自己，并对己方通信造成严重干扰。

跳频通信是一种数字化通信，也是扩频通信的一种。在这种通信方式中，信号传输所使用的射频带宽是原信号带宽的几十倍、几百倍，甚至几千倍。但仅就某一瞬间来说，它只工作在某一频率上。

23 跳频图案

跳频通信中载波频率改变的规律称为跳频图案，如图 12 所示。图中横轴为时间，纵轴为频率，时间与频率的平面叫作时频域，故跳频图案又称为时频矩阵图。

跳频分为快跳频和慢跳频。当跳频时隙小于数据码元宽度，跳频速率大于数据码元速率时，为快跳频，此时一个数据码元中包含若干个跳频时隙；当跳频时隙不小于数据码元宽度，跳频速率小于数据码元速率时，为慢跳频，此时一个跳频时隙中有若干个数据码元。

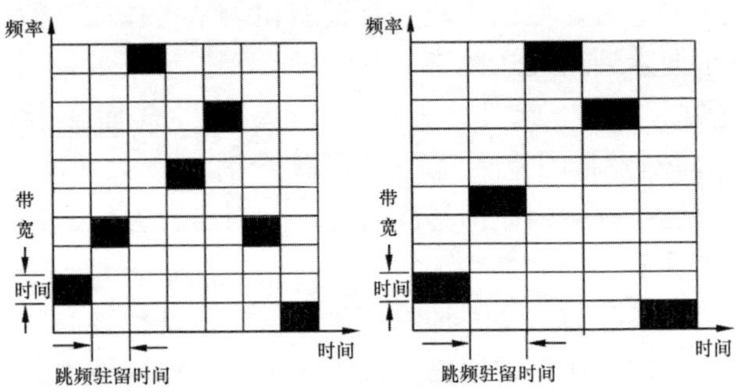

图 12 快跳频图案和慢跳频图案

图 12 中左图所示为快跳频图案，是在一个跳频时隙内传送 1 个码位的信息，通常称此跳频时隙为跳频的驻留时间，称频率段为信道带宽。图 12 中右图所示为慢跳频图案，是在一个跳频驻留时间内传送多个（此处为 2 个）码位的信息。当通信收、发双方的跳频图案完全一致时，就可以建立跳频通信了。

24 跳频频率集

跳频频率集是指跳频电台工作时跳变的载波频率点的集合。跳频系统中，跳频带宽和可供跳变的频率（频道）数目都是预先设定好的。

例如，跳频带宽为 5MHz，跳频频率的数目是 64 个，频道间隔是 25kHz。在 5MHz 带宽内可供选用的频道数远大于 64 个，那么怎样选择出 64 个跳频频率，组成跳频频率表呢？可以根据电波传播条件、电磁环境条件以及敌方的干扰等因素，制定一张或几张具有 64 个频率的频率表，即 f_1，f_2，…，f_{64}，另一张可以是 f'_1，f'_2，…，f'_{64}。如果采用 f_1，f_2，…，f_{64} 这张频率表，那么跳频指令发生器则是根据这张频率表向频率合成器发出指令进行跳频的。那么又怎样在这 64 个频率中做到伪随机地跳频呢？这是由跳频指令发生器和频率合成器来实现的。跳频指令发生器主要是一个伪码发生器，在时钟脉冲的推动下，不断地改变伪码发生器的状态。不同的状态对应一张跳频频率表中的一个频率（64 种状态则对应 64 个频率）。再根据此状态，按照频率合成器可变分频器置位端的要求，转换成控制频率合成器的跳频指令。因为伪码发生器的状态是伪随机地变化的，所以频率合成器输出的频率也在 64 个频率点上伪随机地跳变，便生成了伪随机的跳频图案。当频率表不同时，虽然用同一个伪码发生器，但产生的跳频图案是不同的。

25　跳频速率

跳频速率是指跳频电台载波频率跳变的快慢，通常用每秒载波频率跳变的次数来表示。跳频速率与抗跟踪式干扰能力有关，跳频速率越高，抗跟踪式干扰能力越强。但是跳频速率受信道和元器件水平的限制，短波波段跳频速率一般在50跳以下。

26　纵式网

纵式网是一个预先排列好的台站集合体，该集合体中的各台站都与一个单独的主台建立链路并进行通信，如图13所示。

纵式网内规定一个主台，只允许主台同属台相互联络，或者只由主台发信，属台收信，各属台之间不能相互联络。这种形式通常适用于指挥通信和报知通信。大多数情况下，主台有独立的网络控制站功能，主台组织和管理纵式网时，通常对网内成员的情况都相当了解，包括它们的数量、识别标志、容量、需求和所处位置及必要的连通信息。所有网络呼叫一样，主台通过一个单一网络地址呼叫后，迅速与多个预先排列好的台站同时（或近乎同时）建立链路。

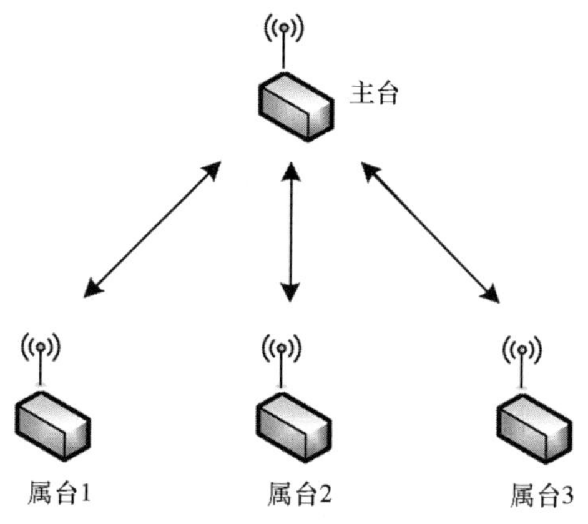

图 13　纵式网示意图

27　横式网

横式网是一个预先排列好的台站集合体，该集合体中的任何台站都可以发起呼叫，建立各台站之间的互通链路并通信。横式网如图 14 所示。网内各台之间均可相互联络，没有主、属台之分。这种形式多用于友邻用户之间的协同通信。上级为了便于了解情况，可设收信机（台）进行旁听（旁抄）。与纵式网不同，横式网内的每个台站都有网络控制功能，网内不规定某个台站行使网络控制权，各台站都是平等的关系，主要用于相互之间无隶属关系的各台站间组织网路通信。

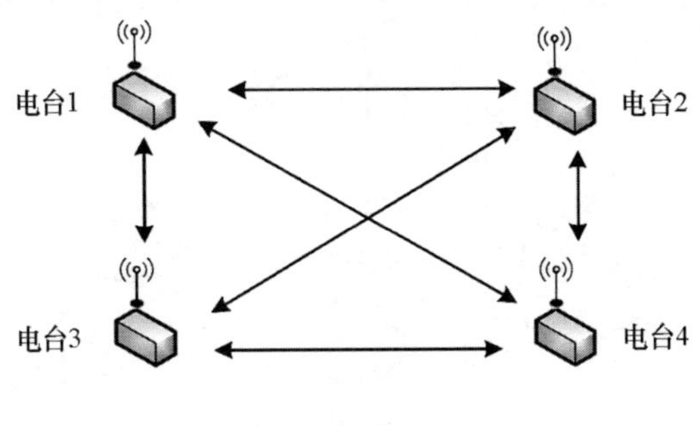

图 14　横式网示意图

28　纵横式网

在横式网的基础上，如果规定横式网内某一个台站行使网络控制权，则构成了一个纵横式网，如图 15 所示。纵横式网主要用于相互之间有隶属关系和协同关系的各台站间组织网路通信。

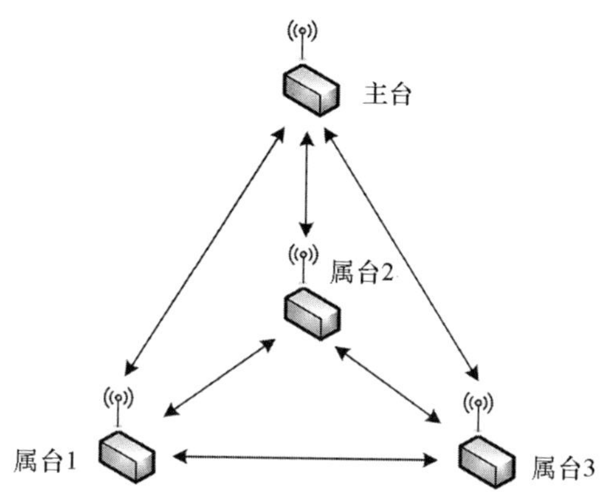

图 15　纵横式网示意图

纵横式网的主台同属台、属台同属台之间均可相互联络。无线电台在组织横式网和纵横式网时，通常利用网络地址呼叫实现组网，网络内任一台站都可以通过使用一个单一的网络地址（这一网络地址对所有网络成员都相同），迅速与多个预先排列好的台站同时（或近乎同时）建立链路，每个台站必须存储与此网络地址相关的响应顺序和定时信息，由发起呼叫台根据需要选择统一的时隙宽度，各成员台在各自的时隙内按顺序应答，避免碰撞，提高建网效率。

29 通播网

通播网也是一个纵式网，但与一般的纵式网不同，通播网是一个非预先排列好的台站集合，如图16所示。大多数情况下，通播网依靠全网控制中心台（一般为该作战地域级别最高的电台）的全呼使能来建立链路并通信，并通过使用分配给各站的地址构成全呼地址，与多个未预先安排好的台站迅速有效地同时建立联系。

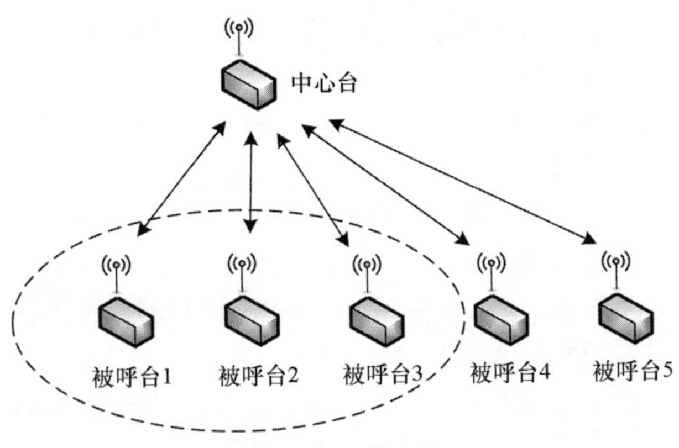

图16 通播网示意图

通播网通过全呼叫实现组网，这种呼叫权限一般授予用户群中级别较高的电台。当需要通播呼叫时，各站应根据通播网呼叫协议进行单信道和多信道的呼叫、轮询和互通操作。

与一般的纵式网不同，通播网不能预置时隙，不需要收听台给予响应，不管是否为附加网络地址的台站，在某一信道收到这种呼叫时都能停止扫描，并迅速与主台建立链路。

30　网中网

当按照隶属关系和协同关系将多个子网相互连接构成一个更大的网路时，就组成了无线电台通信的网中网形式，如图 17 所示。

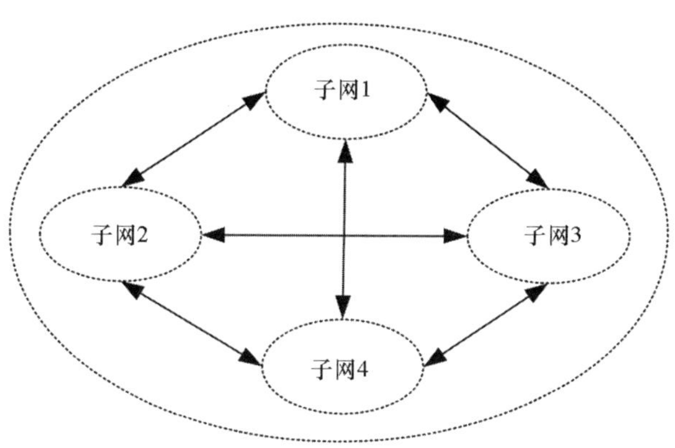

图 17　网中网示意图

31 短波自组织网络

短波自组织网络是由多个短波分组无线电台组成的自治网络，其发展得益于分组无线电技术的成熟。传统电台以模拟体制为主，数据传输和处理能力很弱；分组无线电基于数字体制，具备较为完整的通信协议栈，因而能够实现复杂的网络接入、业务交换和路由选择功能。通过加注不同的协议，短波电台既可以组成类似“基站－手机”的集中式网络，也可构建自组织网络。在短波组网中引入自组织网络有以下显著优势：

（1）相对于传统的短波通信网而言，短波自组织网络可以在任何时刻、任何地方构建，且不需要依赖现有的网络硬件基础设施的支持，就能形成一个自组织通信网络，因此具有很强的独立性，使其非常适用于灾难救助等没有网络基础设施或基础设施已被摧毁的场合。

（2）传统的短波通信，特别是运动中的通信，受电波传播特性的制约，通信距离有限。虽然可以采用（遥控）中继转信方式扩大通信范围，但支撑的业务、覆盖范围和容量有限。采用短波多跳通信方式，不仅扩大了通信范围，而且与传统网络相比，大大降低了网络节点的发射功率，同时也可以减少功耗、电磁干扰和成本。

（3）网络中的节点都兼有路由和主机功能，可以随时加入和退出网络，节点之间地位平等；即使网络中的某个或某些节点发生故障，其余的节点仍然能够正常工作，因此，短波自组织网络具有很强的鲁棒性和抗毁性。

鉴于以上优势，电台自组织网络得到业界的广泛重视。实际上，自组织网络的概念可追溯到分组天线（PRNET）。受 ALOHA 网络和早期固定分组交换网络开发成功的鼓舞，美国国防高级研究计划局（DARPA）在 1973 年开始研制 PRNET。PRNET 采用分布式体系结构，综合了 ALOHA/CSMA 信道访问协议和主动多跳路由算法，采用多跳存储转发技术，克服了电台覆盖范围小的问题，能够在广阔地理区域内有效进行多用户通信。PRNET 的成功证明了自组织网络的可行性。随后，DARPA 于 1983 年开发了抗毁无线网络（SURAN），其采用动态分群的分层网络拓扑来支持网络扩展性。战术互联网（TI）是迄今为止所实现的规模最大的移动无线多跳分组无线网。由于采用了类似商用 Internet 的协议，TI 不能很好地处理拓扑变化问题，无线数据传输速率较低。自组织网络技术不仅具有很强的军事应用背景，在商业上也有广泛的应用，例如，802. 22 无线局域网、蓝牙等，相应的技术规范标准主要由 IETF 的 MANET 工作组来制定。

32　无线电台转信

无线电台自动转信是为不能实现直接通信的通信双方提供转信通路。自动转信运用的时机和场合包括：操作人员少或人员不易滞留的地方；受山（林）阻挡，通信困难时；通信距离较远时。

无线电台人工转信，使用多波段电台、协同通信电台、网关电台或转接控制器等设备，可以实现异频电台、异频网络之间的转信。

（1）多波段电台转信

多波段电台可以在中长波、短波、超短波等不同波段工作，通过不同时段分别与需转信电台联络，从而实现异频电台之间的转信，如图 18 所示。

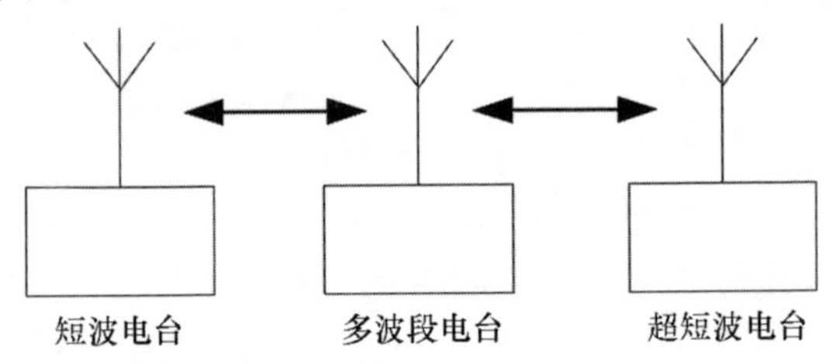

图 18　多波段电台转信示意图

（2）异频异网转信

此外，通过参数设置，多波段电台能加入多个不同频段的短波电台和超短波电台通信网，完成异频网络之间的通信，如图 19 所示。

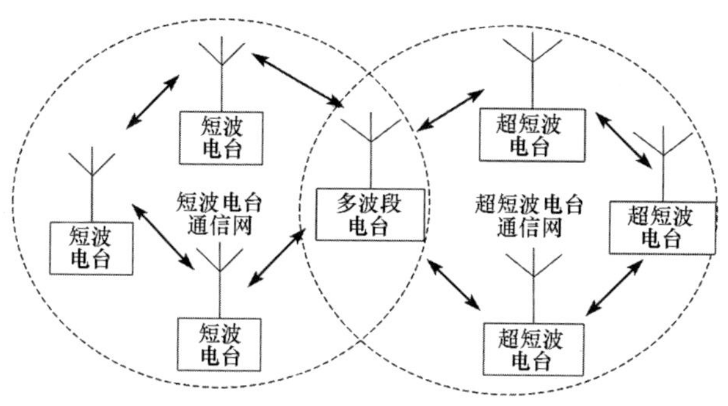

图 19　异频网络之间转信示意图

（3）转接控制器转信

无线电台转接控制器设有短波电台和超短波电台音频接口，将短波电台和超短波电台与转接控制器连接，便于实现异频网络之间的话音通信，如图 20 所示。

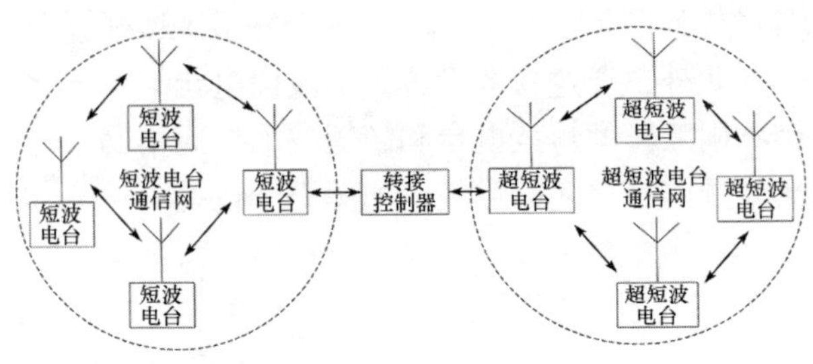

图 20　转接控制器转信示意图

33　短波远距离遥控

短波遥控是指利用遥控设备，通过有线或无线方式对短波发信机实施的远距离发信控制，如图 21 所示。短波远端遥控主要是为了满足短波电台应用中人机交互部分与电台及天线部分分离使用的需求，解决主控室与电台台站不在同一地点、天线架设地点与主控室距离超过天线馈线规定的最大长度，以及紧急状态下保证主控室或指挥人员安全等现实问题。短波远程遥控系统一般可以通过 IP 网络/光纤线路将短波电台操控部分与短波电台进行远程连接。短波远端遥控用于对电台实现远程开机、关机、更换信道、更改频率、显示信道频率数值、显示和更改工作模式、显示电台电压与驻波比、显示发射功率指示和接收信号强度指示等电台的各种工作状态信息，同时可实现选择呼叫、自适应、自主选频、自动控制等功能的远程控制。短波远程遥控系统大多兼容外扩数传设备远端连接短波电台进行数据传输；支持远程开关机、远程设备复位控制、定时自动复位和远程视频监控。

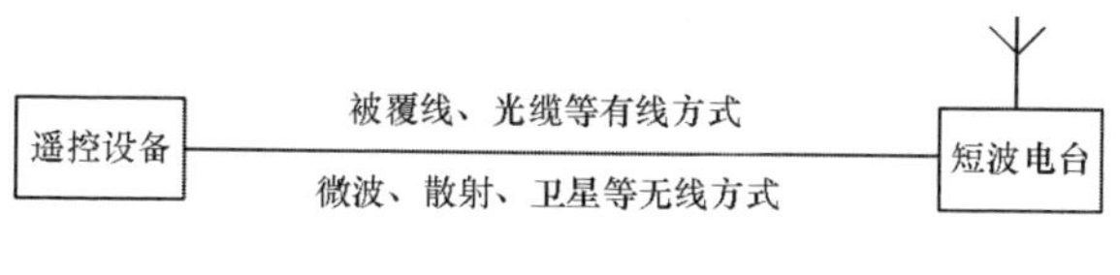

图 21　短波遥控示意图

34　美国空军短波全球通信系统

美国空军短波全球通信系统（HFGCS）是高度自动化的短波通信系统，主要使命是为作战飞机飞行中的指挥控制、国家指挥机构紧急作战命令发布、全球人道主义以及北约军事行动等提供短波通信手段。它采用有线地面支撑网络，将全球 15 个短波台站连接起来，形成一个 IP 网络化、使用经济方便的通信系统，能够支持地对空语音、数据通信。HFGCS 采用 4kW 大功率地面短波台站，每个台站语音通信覆盖范围约为 3 200km，数据通信覆盖范围约为 4 000km。整个系统覆盖了欧洲、亚洲、北美洲、南美洲、澳洲、大西洋、印度洋和太平洋大部分地区。HFGCS 系统采用中心控制方式运作，15 个地面短波台站中，有 2 个属于互相备份的中心网络控制台站，分别部署在美国本土的安德鲁斯空军基地和格兰德福克斯空军基地。在中心控制工作模式下，其他短波台站都接受中心网络控制台站的集中控制，部署在中心网络控制台站的地面网关实现与其他网络（如电话网、SIPRNET、NIPRNET）的互联互通。未来，HFGCS 会采取分布式工作模式，通信将不再全部通过中心网络控制台站。

35 澳大利亚长鱼系统

长鱼系统（LONGFISH）是澳大利亚为实施现代化短波通信系统（MHFCS）计划而研制的短波实验网络平台。MHFCS 的研制开始于 20 世纪 90 年代中期，其目的是为澳大利亚的战区军事指挥互联网提供远距离的机动通信手段。

LONGFISH 网络的设计思路与全球移动通信系统（GSM）类似，采用多星状拓扑结构，网络由在澳大利亚本土的 4 个基站和多个分布在岛屿、舰艇等处的移动台构成，其网络拓扑结构是以基站为中心的多星状拓扑，如图 22 所示，B 是基站，M 是移动台。移动台与基站之间通过短波连接，基站之间则用光缆或卫星等宽带链路相连，通过自动网络管理系统将频率管理信息分发给所有基站。每个基站使用不同频率集，为预先分组的移动站提供短波接入服务。系统支持 TCP/IP 协议，可提供短波信道的电子邮件、FTP 服务，并支持终端遥控、静态图像等功能。

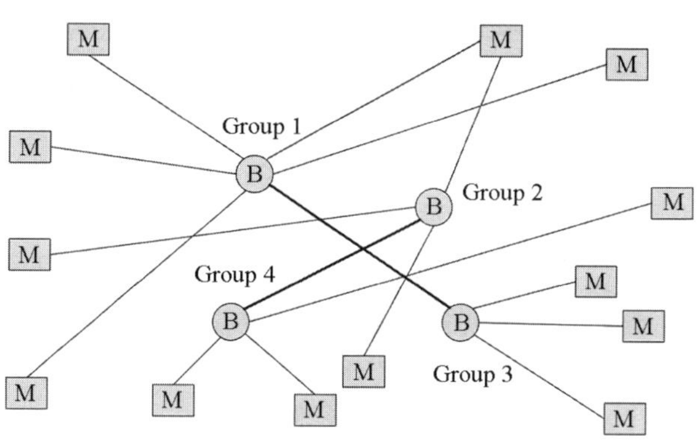

图 22　LONGFISH 网络示意图

LONGFISH 采用多种关键技术以适应短波信道的时变性，并且保证在不同用户数及业务需求下，网络具有较好的性能。节点选择算法（NSA）根据网内负载实现链路的自动分配；频率选择算法（FSA）为基站和移动台之间选择最优的传输频率；链路释放算法（LSA）保证高优先级业务的链路占用需求；带宽释放算法（BSA）缓存特定数据分组，确保高优先级业务的时效性。

36 美国海军的 HF - ITF 和 HFSS

20 世纪 80 年代初，美国海军研究实验室（NRL）为了满足海军作战通信需求，提出 HF - ITF 网络和 HF 舰/岸通信网络（HFSS），其目的是为海军提供 50 ~ 1 000km 的超视距通信手段。其中，HF - ITF 为海军特遣部队内部军舰、飞机和潜艇间提供话音和数据服务，主要采用地波传播模式；HFSS 则用于舰—岸之间的远程通信，主要考虑天波传播模式。而北美改进型 HF 数字网络（IHFDN）则集成 HF - ITF 和 HFSS 网络，使用天波和地波构建大范围的短波通信系统。HF - ITF 网络的拓扑结构采用分层自组织形式，其结构如图 23（a）所示；HFSS 网络结构如图 23（b）所示。

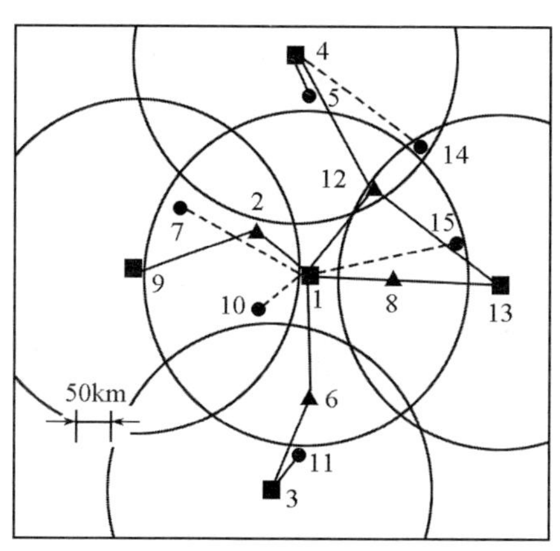

（a）HF－ITF 网络结构

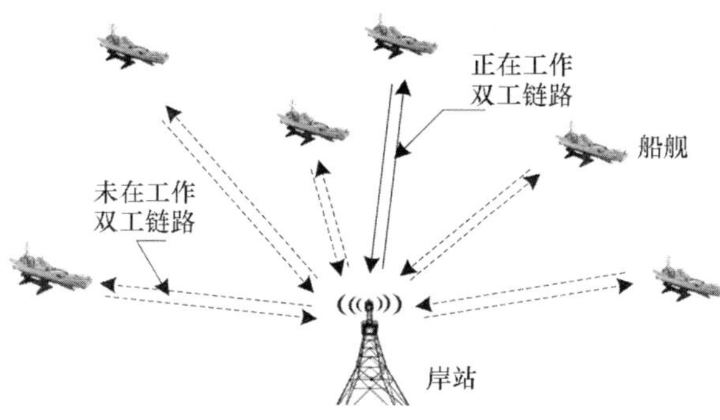

（b）HFSS 无线网络结构

图 23　HF－ITF 与 HFSS 网络结构示意图

利用软件无线电技术来改变传统的短波通信系统的结构，形成新型的基于软件无线电的数字化短波系统，是现代短波通信的一个新趋势。目前的短波通信设备多采用硬件来实现调制和频率变换等功能，由于受到器件的限制，其性能和技术指标难以提高。对于短波通信而言，由于系统的工作频率较低，降低了对 A/D 电路的性能要求，可以利用现有的器件实现 RF 射频信号的数字化，这是其实现软件无线电的一大优势。软件无线电技术不仅为新一代短波通信设备提供了最佳的解决方案，并且为短波通信体制的突破发展提供了有利的研究基础。

利用软件无线电的思想，采用高速 A/D、D/A 和高速 DSP，可以实现具有开放结构的短波软件无线电，如图 24 所示。这个系统的实现可以解决目前短波通信装备型号复杂，功能单一，可靠性、稳定性、电磁兼容性差等问题。该系统由实时信道处理、环境分析管理和软件开发工具三个处理模块组成。其中，实时信道处理主要实现各种业务的综合、信源编码/解码、数据链路控制（流量、差错控制等）、基带自适应调制解调、SSB 调制解调的数字实现、上/下变频以及适用的电子对抗技术（如分集、跳频）等；环境分析管理针对短波通信的特点，分析时间、空间、频率选择性衰落等特性，实现信道评估、最佳工作频率选择以及通信链路的建立等，并进行相应的控制以获得最佳通信状态；软件开发工具可以分析和定义更先进的通信技术，并可修改各工作模块以实现业务和性能的升级。

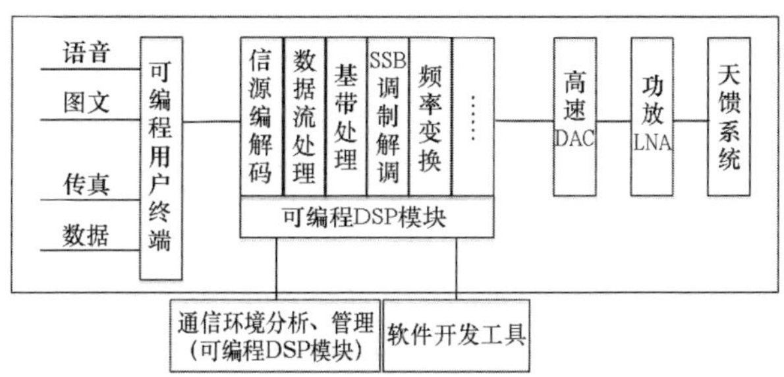

(a) 开放结构的短波软件无线电发送原理图

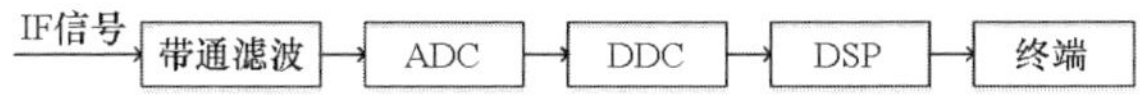

(b) 基于软件无线电的信号接收原理图

图 24　具有开放结构的短波软件无线电
(DDC—数字下变频器；DPS—数字信号处理；ADC—模/数转换器；DAC—数/模转换器)

37　认知无线电

要了解什么是认知无线电，首先需要了解什么是认知。认知就是介于输入激励和输出响应之间的智能状态和处理过程，简单地说，就是采用理解、学习、综合等方式探索事物的一般性原理。

1992 年 5 月，Joseph Mitola 在美国通信系统会议上，首次提出“软件无线电”（SWR）的概念，希望建立标准化的、开放的、模块化的通用硬件平台。理想的软件无线电电台，应由软件完成通信系统各种功能，通过硬件平台实现无线通信，可支持各种空中接口和协议，并能在多种频段上工作。此类软件无线电系统有很好的兼容性。软件无线电的出现，是无线通信从模拟到数字、从固定到移动后，由硬件到软件的第三次变革。

1999 年，Joseph Mitola 在研究软件无线电基础之上发表的一篇学术论文中，首次提出“认知无线电”（CR）的概念，并且详细描述了认知无线电是如何通过“无线电知识表示语言”（RKRL）来提高个人业务灵活性的。2000 年，Joseph Mitola 在其博士论文中系统地讨论了认知无线电的定义：“认知无线电这个名词主要是指，在无线个人数字助理（PDAs）和相关的网络中，要对无线资源和有关的计算机与计算机之间的通信具有足够的计算智能：（1）根据用户所在环境探测用户通信需求；（2）提供无线电资源和服务以满足用户的这些需求。”

Joseph Mitola 定义的认知无线电，是以软件定义无线电（SDR）为理想实现平台的一个智能的无线通信系统，它有能力感知周围的无线通信环境特性，如使用的协议、空中接口、射频环境和频谱等。它通过无线电知识表示语言（RKRL）和周围的环境智能地交互信息和推理，无线节点不再被动使用通信协议，而是智能地调整认知无线电终端的无线参数，实现重配置功能。因此，其不但能避免冲突的发生，而且还能为无线传输选择更便宜、更好的服务，达到共享频谱、灵活通信以及实现系统高可靠性的目的。也就是说，SDR 关注的是采用软件方式实现无线电系统信号的处理，而 CR 强调的是无线系统能够感知操作环境的变化，并据此调整系统工作参数，实现最佳适配。从这个意义上讲，CR 是更高层的概念，不仅包括信号处理，还包括根据相应的任务、政策、规则和目标进行推理和规划的高层活动。所以，认知无线电是智能化的软件无线电。

在 Joseph Mitola 定义的认知无线电中，人工智能的地位十分重要，而且其认知功能是基于高层的学习和模式推理的认知循环，但其缺乏底层认知体系的支撑，仅勾画了未来的蓝图，因此是一种理想化的认知无线电，也称为广义认知无线电。

此后，不同的机构和学者从不同的角度给出

了 CR 的定义，其中比较有代表性的包括美国联邦通信委员会（FCC）和著名学者 Simon Haykin 教授的定义。FCC 认为："CR 是能够基于对其工作环境的交互改变发射机参数的无线电。" Simon Haykin 则从信号处理的角度出发，认为："CR 是一个智能无线通信系统。它能够感知外界环境，并使用人工智能技术从环境中学习，通过实时改变某些操作参数（比如传输功率、载波频率和调制技术等），使其内部状态适应接收到的无线信号的统计性变化，以实现在任何时间、任何地点的高度可靠通信对频谱资源的有效利用。"

总而言之，认知无线电是一种智能无线通信系统，它可以感知周围环境（即外部世界）并进行学习，利用相应结果调整自身的传输参数，使用最适合的无线资源（包括频率、调制方式、发射功率等）完成无线传输。认知无线电能够帮助用户自动选择最好的、最低廉的方式进行无线传输，甚至能够根据现有的或者即将获得的无线资源延迟或主动发起传送。

38　OFDM 基本原理与发展

OFDM 技术在频域把信道分成许多正交子信

道，各子信道的载波间保持正交，频谱相互重叠，以减小子信道间干扰，提高频谱利用率，如图 25 所示。同时在每个子信道上信号带宽小于信道带宽，虽然整个信道是非平坦的频率选择性，但是每个子信道是相对平坦的，这大大减小了符号间干扰。

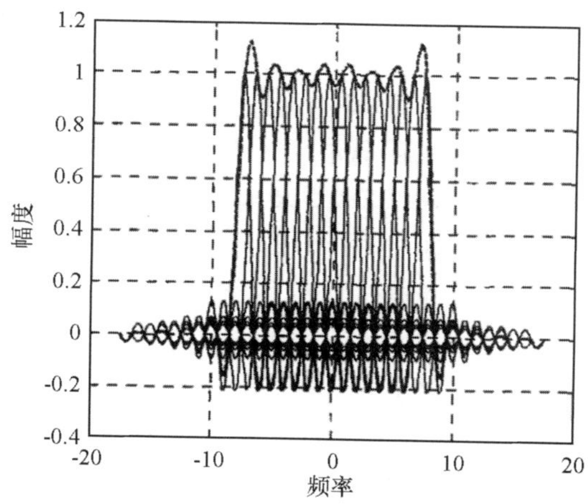

图 25　OFDM 频谱示意图

早在 20 世纪 60 年代，有关 OFDM 的概念就已被提出，它是一种特殊的多载波传输方案，既可以被看作一种调制技术，也可以被当作一种复用技术。早期的 OFDM 技术主要用于美国军用高频通信系统中，当子载波数很大时，系统非常复杂和昂贵，这就限制了 OFDM 技术的广泛应用和进一步发展。直到快速傅里叶变换（FFT）的提出，多载波的调制和解调问题才得以解决。为了抵抗符号间干扰（ISI）和载波间干扰（ICI），循环前缀（CP）的概念被提出。只要CP的长度大于信道的最大时延扩展，即使在色散信道上也能获得较好的正交性，由此增加了OFDM系统的抗多径能力。在消除ISI的同时，保证系统在多径条件下仍能保持正交。OFDM作为一种宽带无线传输技术具有突出的优势，因而被广泛应用于民用通信系统中，如DAB、DVB、IEEE802.11和IEEE802.16等。进入21世纪以后，由于数字信号处理（DSP）技术的飞速发展，OFDM技术引起了更广泛的关注。随着数字移动通信系统、个人通信技术、多媒体通信技术和扩频码分多址等近代通信技术的迅速发展，以及日益走向高速、综合、大容量业务的要求，OFDM技术的发展步伐加快，而且出现了许多新的研究领域和发展动向。

图26是OFDM收发机常用结构框图，分为两部分，上半部分为发射机结构，下半部分为接收机结构（发送和接收互为反过程）。待发送的符号经过映射后组成频域OFDM符号，用IFFT变换到时域，在时域的每个OFDM符号加上循环前缀即可得到时域的OFDM基带信号。接收端则刚好相反，OFDM接收下来的基带信号先经

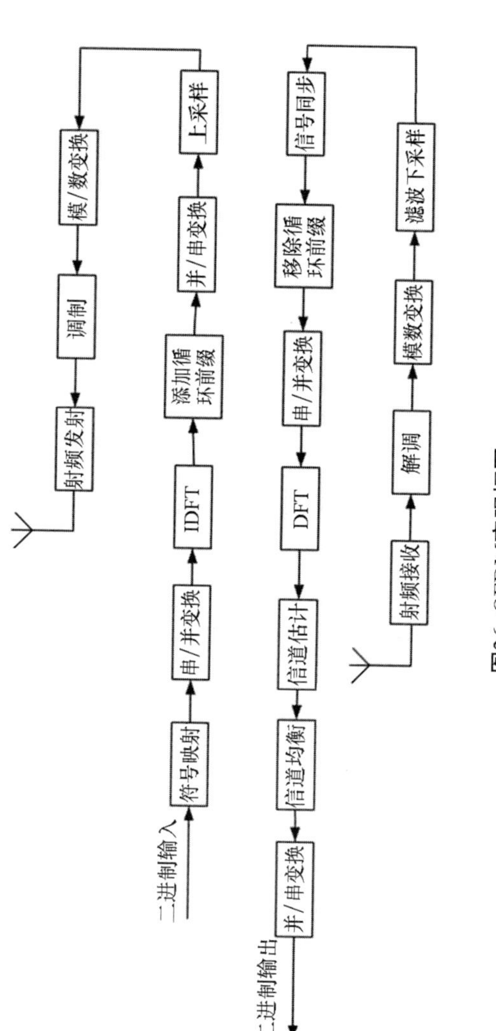

图26 OFDM实现框图

过信号同步模块，确定 OFDM 符号开始的位置，在移除 CP 后，即可用 FFT 将信号从时域变换到频域上，经过信道估计和均衡后的信号即可硬判或送入译码器。

由此可见，在具体短波应用中，OFDM 的关键技术包括以下几个方面：

（1）短波信道同步技术。同步是任何通信系统都必须解决的首要问题。在 OFDM 系统中，如何确保各个子载波之间的正交性是至关重要的，否则它们之间会相互干扰。因此，OFDM 对同步的要求也就更加严格。

（2）短波信道均衡技术。信道估计的目标就是对 OFDM 符号中所有子载波位置上的信道特性进行估计，然后通过补偿，消除短波信道对信号的影响，以实现接收信号的正确解调。

2 设备篇

1 HF－90 携带式短波电台

科麦克 HF－90 携带式短波电台是体积小、重量轻、功能强的超小型携带式短波电台，如图 27 所示。HF－90 超小型短波电台，从功能上分为两类型号：HF－90E 常规电台和 HF－90H 跳频电台。根据携带方式分为手提、背负、车载、固定、航空等，多种可选配的天线可作不同距离的用途。其采用模块结构，维修快捷便利，可适应各种恶劣环境，是世界上数十个国家军队、警

图 27 HF－90 携带式短波电台

察、政府组织常用装备。

背负式 HF－90E 有军用型和标准型两种。它们具有的相同配置包括：HF－90 电台主机、TM－90 天调、7m 软天线、3m 折叠鞭天线、7Ah12V 蓄电池、电池容量测定器、CS－4 快速充电器。不同之处在于，军用型采用军用编码电话手柄和轻合金背架，此背架可装带多种备品，电话手柄保密性好，符合野战通信的要求；标准型采用编码扬声手柄和防雨背包，该配备可节省投资。背负式电台主要用于徒步通信，使用 3m 鞭天线可通 15～20km，在停止行进时使用快速斜拉天线可通 1 000km。

2 AS/H480 型短波多馈多模对数螺旋宽带天线

AS/H480 型短波多馈多模天线是由多根对数螺旋振子组成的短波天线阵列，可同时接入三部短波收发信机，并具有三种仰角模式，可满足短波远、中、近距离的通信需求，如图 28 所示。其工作频率范围 3～30MHz，增益 6dB，隔离度 25dB，占地半径 10m，推荐架设高度 15m。该天线设计巧妙，形式独特，特别适用于楼顶或安装场地狭小的环境，被广泛用于军队、武警、空管等领域，并在通信指挥与频谱管理等领域发挥了重要作用。

图 28　AS/H480 型短波多馈多模对数螺旋宽带天线

3　AS/BH 短波 2.4m 鞭天线

AS/BH 短波 2.4m 鞭天线主要用于 5～20W 短波跳频电台，天线由射频插头、变向器、天线体三部分组成，如图 29 所示。变向器可以使天线在任意方位变向；天线体材料选用高弹性合金钢管制造，各天线管之间采用高强度松紧绳连接。天线在不用时可折叠，便于携带。其工作频率范围 1.6～30MHz，功率容量 30W，标称阻抗 50Ω，天线长度 2.4m，天线重量小于 0.8kg。

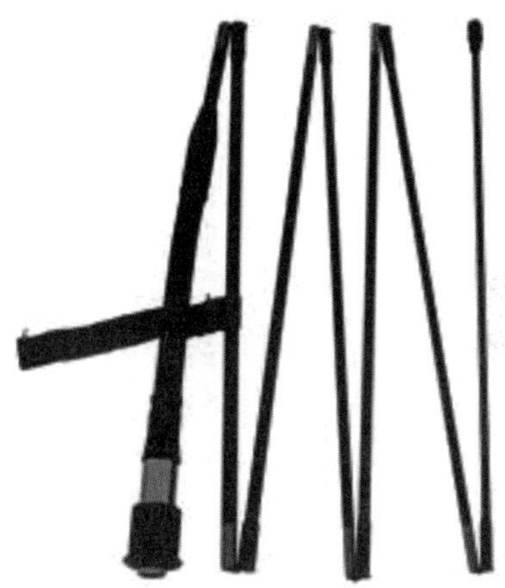

图 29　AS/BH 短波 2.4m 鞭天线

4　AS/V200 型车载超短波宽带鞭天线

AS/V200 型车载超短波宽带鞭天线具有增益高、频带宽、结构通用、工作可靠等特点，如图 30 所示。该天线的主要电气性能优于国际其他同类产品，结构形式遵照部队“统型”要求设计，特别适用于在野战环境中作为车载节点或指挥所，是构建各种超短波通信网的优选产品。其频率范围 30～88MHz，标称阻抗 50Ω，电压驻波比小于2.8，增益1~2dB，垂直极化，水平全向辐射，功率容量200W，天线长度1.8m，重量3.5kg。

图30　AS/V200型车载超短波宽带鞭天线

5　AS/HU230型车载超短波宽带鞭天线

AS/HU230型车载超短波宽带鞭天线广泛适用于各车载式VHF/UHF电台，如图31所示。此天线最大的特点是采用新型分段匹配技术，不需调谐，即可使天线获得更高的增益和辐射效率。天线体采用特制的玻璃钢材料，既增强了天线的机械性能，又使其具有优良的电气性能。其频率范围30~512MHz，标称阻抗50Ω，电压驻波比小于3.5，增益3dB（典型值），垂直极化，水平全向辐射，功率容量75W，天线长度2.5m，重量4kg。

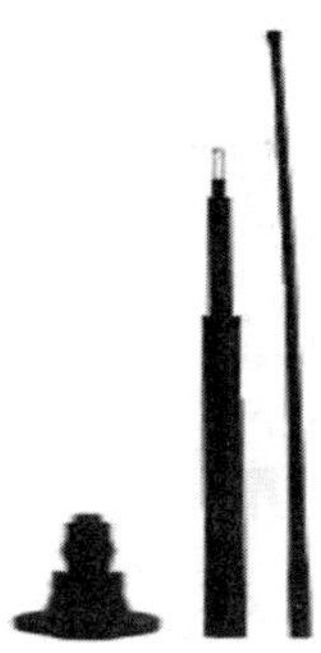

图31　AS/HU230型车载超短波宽带鞭天线

6　AS/H400型短波三角形宽带天线

AS/H400型短波三角形宽带天线是新型的便携式短波高效宽带天线，如图32所示。产品由桅杆、阻抗变换器和三角形振子组成。该天线的突出优点是用三角形振子替代了传统的线形振子，并通过“低馈”的方式增大辐射电阻，从而提高天线辐射效率。该天线结构轻巧耐用，可作为单兵伞降、野战便携、车载携行以及短波固定台站的配套天线使用，是便携式短波宽带天线的更新产品。其频率范围2~30MHz，标称阻抗50Ω，电压驻波比小于2，增益5dB，功率容量2kW。

图32　AS/H400型短波三角形宽带天线

7　AS/H420型水平硬振子短波对数周期天线

AS/H420型水平硬振子短波对数周期天线是典型的高增益、定向宽带天线，如图33所示。该天线经过特有方法对比例因子进行优化，在增益不变的前提下使天线体积减小12%，半功率角增加10°，在楼顶或场地狭小的环境中具有独特优势。天线支撑结构精巧可靠，振子由高强度三角截面铝合金管制成，接触紧实，长期使用不下垂变形。常规情况下，AS/H420 型水平硬振子短波对数周期天线通信半径大于 3 000km，是各类短波固定站定向通信的可靠保证。其频率范围 6~30MHz，标称阻抗 50Ω，电压驻波比小于 2，增益 8~10dB，功率容量 2kW。

图 33　AS/H420 型水平硬振子短波对数周期天线

8　AS/H450 型车载垂直软振子短波对数周期天线

AS/H450 型车载垂直软振子短波对数周期天线是一种典型的高增益定向天线，如图 34 所示。该天线在低频振子部分采取了加电感和振子加顶的结构方式，延展了有效带宽。天线使用外敷硅橡胶的多股铜线为辐射振子，在提升辐射效率的同时也增强了天线的耐候性和防腐防锈性能。天线设计为一体化结构，利用绕线架即可实现天线幕的展开与回收，克服了常规车载垂直极化对数周期天线产品体积重量大、安装操作要求高等使用缺陷。其频率范围 4～30MHz，电压驻波比小于 2，天线增益 8～10dB，前后比 8～10dB，垂直极化，标称阻抗 50Ω，额定功率 10kW。

图 34　AS/H450 型车载垂直软振子短波对数周期天线

9 AS/H460 型短波半菱形宽带天线

AS/H460 型短波半菱形宽带天线是一款适用于快速应急通信的轻便化短波宽带天线，如图 35 所示。该天线是菱形天线半结构的变形，使用频率在 6MHz 以上的辐射方向图具有明显的方向性，有利于对指定目标进行自适应或跳频通信。天线结构轻巧简便，可单兵携行或配套通信车停止时使用，是短波快速应急通信系统中又一新型配套产品。其频率范围 2～30MHz，标称阻抗 50Ω，电压驻波比小于 2，增益 5dB，功率容量 2kW。

图 35　AS/H460 型短波半菱形宽带天线

10　AS/H470 型短波伞锥形宽带天线

AS/H470 型短波伞锥形宽带天线是典型的短波垂直极化宽带天线，如图 36 所示。该天线利用加粗振子平缓特性阻抗的方式拓展了工作带宽，精心设计伞锥天线体避免了因加粗位置过低而导致辐射能量被吸收的弊端，在垂直极化同类产品中辐射性能最高。天线体由优质冷拔金属管制成，并经热浸锌工艺处理，结构稳固可靠，导电性能优良。该天线按照免维护要求设计，是构建各类短波全向通信网或干扰站的优选产品。其频率范围 2～30MHz，标称阻抗 50Ω，电压驻波

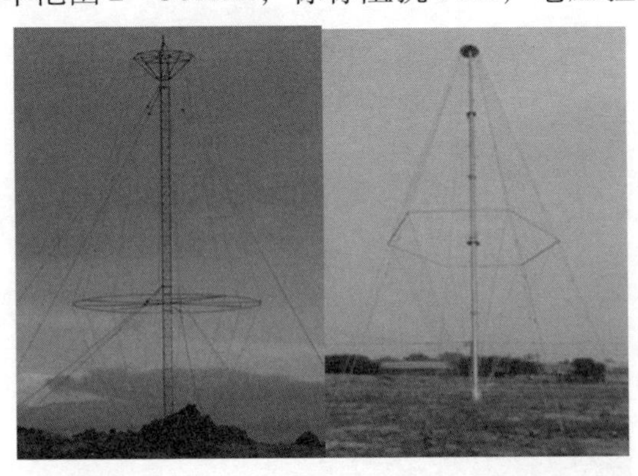

图 36　AS/H470 型短波伞锥形宽带天线

比小于2，增益7dB，功率容量10kW。

11　AS/L250－14型3G信号移动基站天线

AS/L250－14型3G信号移动基站天线作为WCDMA制式3G信号移动基站天线，通常用于偏远地区或应急状态通信，由3套定向天线（AS/L250－14）、1套安装架组成，如图37所示。该设备具有体积小、安装方便、电气性能优良的特点。设备设计为快速装卸形式，不用工具即可进行装卸。其频率范围1 920～2 170MHz，电压驻波比小于1.5，天线增益14dB，垂直极

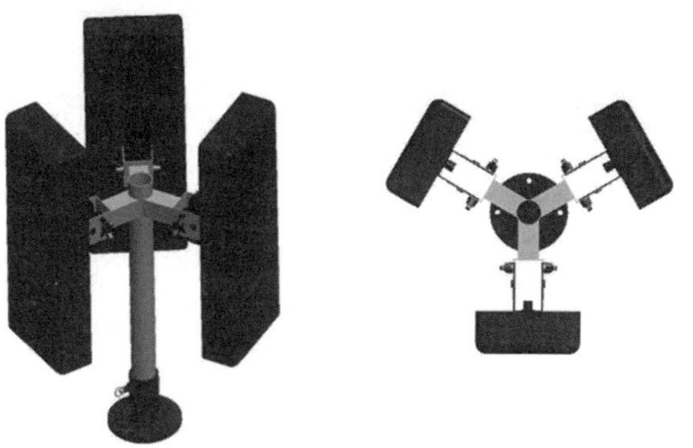

图37　AS/L250－14型3G信号移动基站天线

化，标称阻抗 50Ω，额定功率 60W。

12　三线式短波基站天线

三线式短波基站天线采用三极结构，辐射效率高，各频点性能均匀，重量轻，架设状态平稳，抗风能力强，不需要配接天调，如图 38 所示。在 10MHz 以下较低频段工作时，提供高仰角，有利于克服 30 ~ 100km 内的通信盲区。在宽边、窄边方向都有很强的辐射，因而与 360°全方向都能沟通联络。其频率范围 1.6 ~ 30MHz，标称阻抗 50Ω，PER 功率 250W，天线全长 22m。

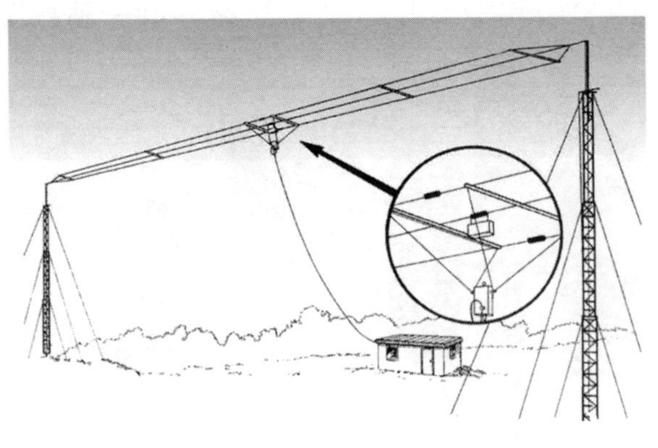

图 38　三线式短波基站天线

13　KD－125BX 野外快速短波天线

KD－125BX 野外快速短波天线在军事、森林防火、野外勘探、施工和探险旅游等领域广泛使用，如图 39 所示。该天线架设快捷、体积小、重量轻、便于携带、不用天调、全频段驻波比低、辐射效率高、通信距离可达 1 500km 以上、近程无盲区，多种架设方式可实现定向、全向通信，能满足快捷通信要求。其频率范围 1.6～30MHz，驻波比小于 2，天线主振子长 20m，辅助振子长 5m，最大功率 125W，全套重量 2kg。

图 39　KD－125BX 野外快速短波天线

14　三线式宽频带短波基站天线

三线式宽频带短波基站天线是一种性能优良的新型短波天线，如图 40 所示。该天线在技术上采用宽带匹配网络和加载技术，具有工作频带宽、电压驻波比小、辐射效率高、免天调等技术特点；在结构上采用独特的三线偶极结构，具有性能稳定、抗风能力强、不易损坏等特点，适用于固定台站的短波通信。

图 40　三线式宽频带短波基站天线

该天线可分为倒 V 方式架设和平拉方式架设。倒 V 方式架设是将天线中央部位悬挂在主杆顶端，两边斜向拉直，天线为“倒 V 短波宽带全向天线”，适用于固定台站的中、近距离全向通信；平拉方式架设是在天线两端和中间架设高杆，天线通过高杆拉直，为“水平对称短波宽带定向天线”，适用于固定台站的远距离通信。

三线式宽频带短波基站天线型号为 OX-02，增益 3~5dB，频率范围 1.6~30MHz，输出阻抗 50Ω，驻波比小于 2，工作电压 220V。

15 TBP115-3 型便携式短波天线

TBP115-3 型便携式短波天线工作频率范围 1.6~30MHz，功率容量大于 125W，自动天调不调谐范围小于 5%，如图 41 所示。其主要由双极天线、鞭天线杆、馈线、拉线、地钉等部件组成。

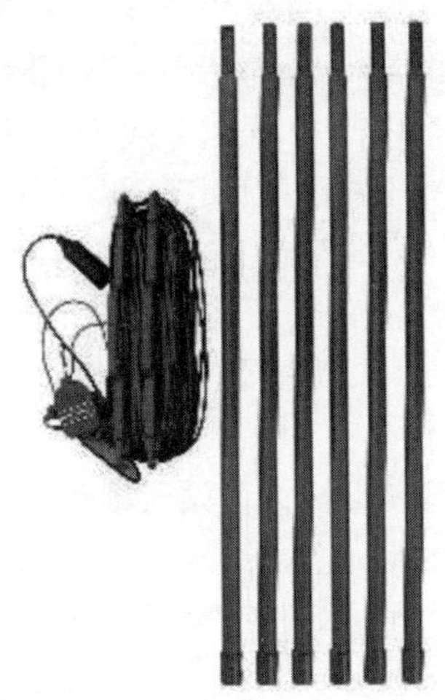

图 41　TBP115－3 型便携式短波天线

双极天线振子（双极单臂）长度 15m；单臂另加 7m 延长线；双极天线振子线抗拉强度大于 300N；双极天线馈线长度 6m；鞭状天线高度 10m；地网线 6 根，长度 10m。

鞭状天线馈线长度 1m，地面临时架设；天线与电台的连接采用 BNC 电连接器，总重量小于 6kg，阻抗 50Ω，输入功率 125W 等幅报，250W 峰值。

16 宝丽 910 自调谐短波鞭天线

宝丽 910 自调谐短波鞭天线以产生最大高频电流为调谐目标，辐射效率优于以最小驻波比为调谐目标的普通车载鞭天线，调速快，调谐成功率高，体积小，重量轻，安装方便，如图 42 所示。

图 42 宝丽 910 自调谐短波鞭天线

该天线最远通信半径超过 1 000km。车载鞭天线受传输原理限制，内陆地区 15 ~ 100km 存在近距离盲区，拉弯天线鞭对盲区通信略有改善。其工作频率 2 ~ 30MHz，调谐速度 1.5s，输入阻抗 50Ω，重量 2.6kg。

17 KD－180BX 短波便携宽带双极天线

单兵通信是短波通信网中的薄弱环节，原因是电台功率小和天线效率低。而单兵通信又恰恰是应急通信系统中最重要的环节，在历次灾难救援中，短波背负台都承担着灾区内外联络的重任。

KD－180BX 短波便携宽带双极天线用于短波背负台远距离通信和车载台静中通，如图 43 所示。其振子采用强力钢铜复合线材，长 18m，宽 0.4m，工作频段 3～30MHz，全频段驻波比小于 2，更突出的是它采用高强度轻型阵子，重量（含馈线）仅 2kg，阵子中心为旋转轴（内置匹配器和负载），拉开迅速，架设快捷，收集方便，便于携带。经全国范围测试，配合 125W 背负台可通 2 000km 以上，配合 30W 背负台可通 1 500km以上，近距离无盲区。

KD－180BX 平拉低架属于地波天线，如图 44 所示。天线一端拴在车顶等处，距地 1.5～2m，另一端利用地钉固定在地面上，振子两端朝向主要通信目标。

图 43　KD－180BX 短波便携宽带双极天线

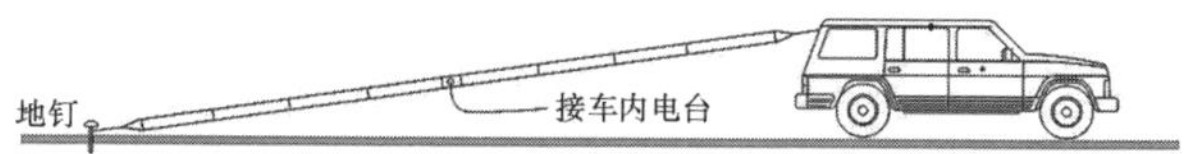

图 44　KD－180BX 平拉低架图

KD－180BX 倒 V 架设和平拉高架这两种架设方式属于天波天线，方向图和架法类似三线天线，分别如图 45、46 所示。

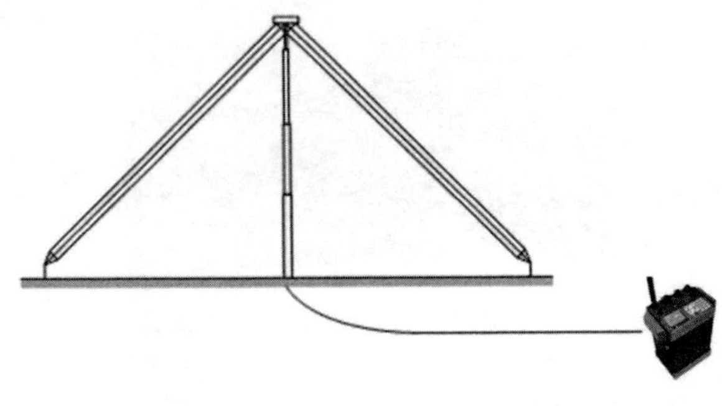

图 45　KD－180BX 倒 V 架设图

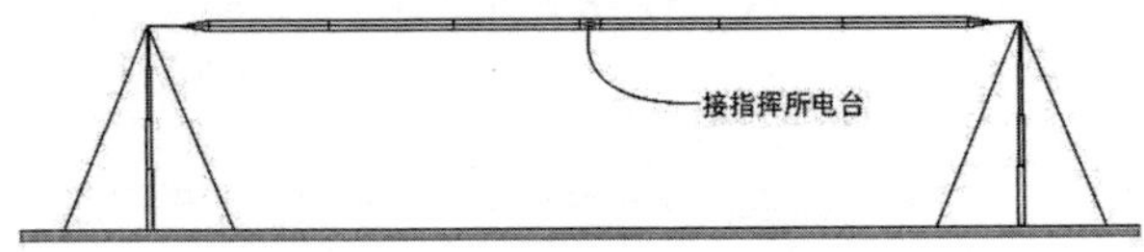

图 46　KD－180BX 平拉高架图

18　AT230 短波鞭天线

AT230 短波鞭天线在技术上属于中部调感式一类，如图 47 所示。这种调谐方式使天线在物理长度不变的条件下延长了电长度，并增强了下半部鞭体的高频电流，比常见的底部调谐式鞭天线辐射效率高得多，不仅明显延长了地波传播距离，而且产生一定的高仰角辐射，增强电离层垂直入射，改善了 100km 内近距离盲区。AT230 的中低仰角辐射也非常强，通信距离可达数千千米。其频率范围 2～30M，功率 150W，输入阻抗 50Ω，天线鞭长度 1 250mm，总长度 2 550mm，重量 4. 5kg。

图 47　AT230 短波鞭天线

19　短波地波天线

地波天线主要运用短波地波方式进行传播，受限于地面阻抗的影响，传播距离较近，因此也主要应用于短波近距离传播。常见的地波天线有鞭状天线、T 形天线、倒 L 形天线、斜天线等，其中鞭状天线使用范围最广，既可架设于楼顶、地面，也可作为车载天线使用。本节主要介绍鞭状天线。

鞭状天线也称鞭形天线，是一种简单的垂直天线，属于直立天线，用以辐射和接收垂直极化波。因外形多为鞭状，故称鞭状天线，是短波、超短波电台进行移动通信最常用的天线，其长度一般为工作波长的四分之一左右。为了便于携带，其结构多为接杆式、拉杆式或蛇骨式等类型，可以拆卸、伸缩或弯曲折叠，如图 48 所示。鞭状天线的主要优点包括：结构简单，使用方便，全方向性，机动性好，适于运动中的无线电台，特别是在短波通信中得到了广泛应用。它的主要缺点是效率低，天线性能受周围环境的影响较大。

图 48　鞭状天线示意图（垂直及弯曲折叠方式）

鞭状天线的原理结构及其等效方法如图 49

所示。假设地面是理想导电体，地面的影响可用镜像来取代，这种单臂不对称的鞭状天线可等效为直立的对称振子。

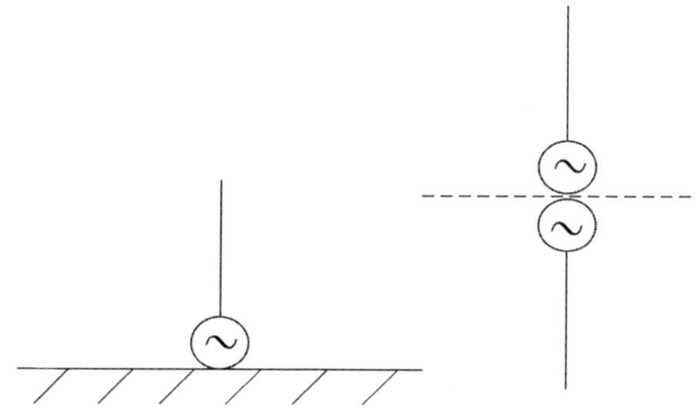

图 49　鞭状天线的原理结构及其等效方法

鞭状天线可等效为垂直放置的对称振子，故鞭状天线在水平平面的方向图是一个圆，在垂直和平面上的方向图是水平放置的“8”字形的一半，如图 50 所示。当地面不是理想导电体时，方向图将相应产生变化，尤其是在水平面 0°方向上的变化。

对于非理想地面的影响，应该按照电波传播理论，观察点的场强是直射波和地面反射波的叠加，理论分析的结果是沿地面方向的辐射应该为0。然而，实际上鞭状天线沿地面方向上的辐射并不等于0，这是因为沿地面方向存在表面波，

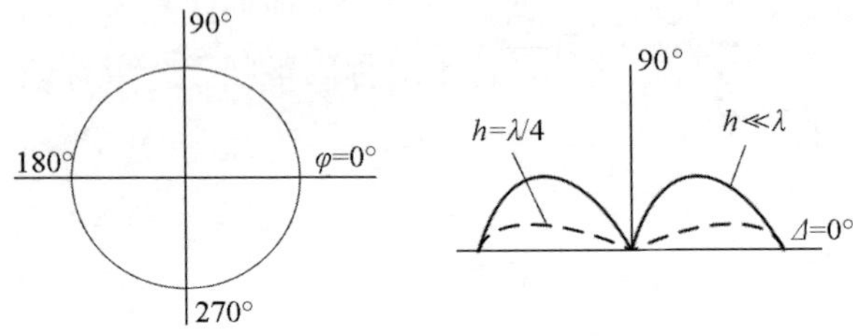

图 50　鞭状天线水平及垂直方向图

计算沿地面方向辐射场大小时，不能再参照对称振子的场强计算方法。

鞭状天线的一个重要电指标是有效高度，它表示直立鞭状天线辐射能力的强弱。天线工作波长一定时，天线物理尺寸越大，则天线的有效高度越高，其辐射能力越强，天线效率也越高；物理尺寸越小，则天线的有效高度越低，其辐射能力越弱，天线效率也越低。在实际应用中，常常采用提高辐射电阻（如天线顶部加装星形金属片）或降低消耗电阻的方法，以达到提高天线有效高度的目的，增强天线的辐射能力。

20　水平对称天线

水平对称天线包括水平对称振子和笼形天线等。笼形天线阻抗特性优于水平对称振子，但架设不便，一般用于固定台站，这里主要讨论水平对称振子。水平对称振子也称双极天线，双极天线是水平架设于地面的对称天线，由对称双臂、支架和绝缘子构成。天线两臂与地面平行，由单根或多股金属导线构成，导线的直径一般为 3 ~ 6mm。天线两臂之间由绝缘子固定，并通过绝缘子与支架相连，用以辐射和接收水平极化波，其主要传播方式为天波传播。水平对称振子的结构和实物示意图分别如图 51、图 52 所示。

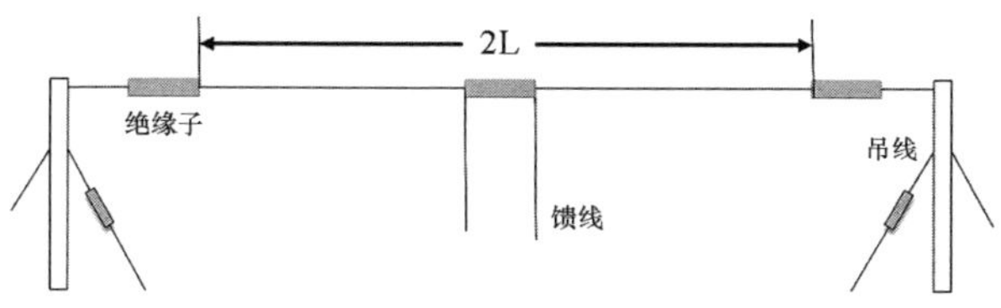

图 51　水平对称振子结构图

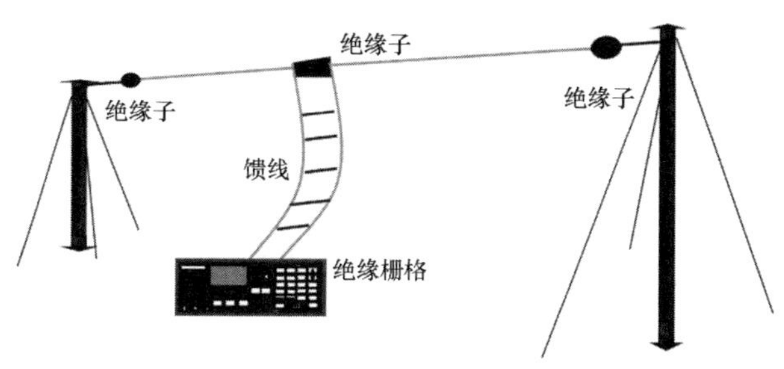

图 52　水平对称振子实物示意图

21 笼形天线

双极天线的输入阻抗受频率变化影响较大，是一种窄频带天线。为了展宽带宽，可采用加粗天线振子直径的方法，通常将几根导线排成圆柱形组成振子的两臂，这种天线称为笼形天线，结构如图 53 所示。

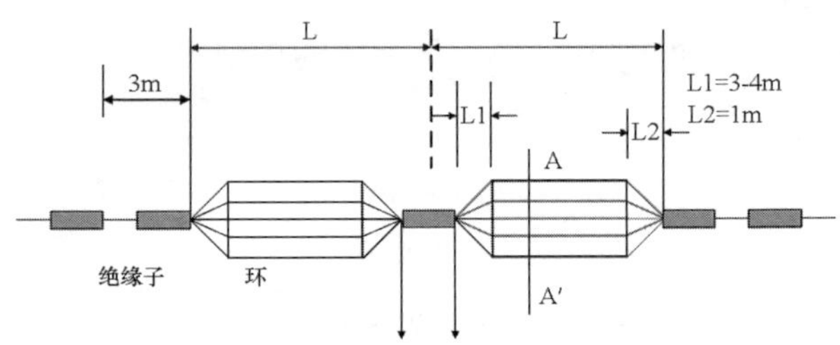

图 53　笼形天线结构图

笼形天线两臂通常由 6 ~ 8 根细导线构成，每根导线直径为 3 ~ 5mm，笼形直径为 1 ~ 3m，特性阻抗为 250 ~ 400Ω。笼形天线的输入阻抗在频段内变化较为平缓，工作带宽较宽。

笼形天线两臂的直径较大，在输入端引入很大的电容，使得天线与馈线的匹配变差。为减小馈电处的端电容，振子的半径从距馈电点 3 ~ 4m 处逐渐缩小，至馈电处汇集在一起。天线的两端采取同样的方法以减小末端效应。

如果组成笼形天线的导线有 n 根，单根导线的半径为 a，笼形半径为 b，则笼形天线的等效半径可由公式 1 计算：

$$a_e = b \times (na/b)^{1/n} \qquad \text{（公式 1）}$$

笼形天线的方向性和天线尺寸的选择与双极天线相同。由笼形天线衍生的分支笼形天线，特性阻抗非常稳定，适当选择振子尺寸，可以在更宽的频段内与馈电线匹配，因此工作频段比普通笼形天线更宽。笼形天线和分支笼形天线的水平振子可以折成 90°而构成角笼形天线和分支角笼形天线。角笼形天线和分支角笼形天线的水平方向图形更接近圆形。

笼形天线属于宽频段天线，广泛用于近距离通信。为进一步展宽双极天线的带宽，也可将其双臂改成其他形式，如笼形双锥天线，其结构如图 54 所示。

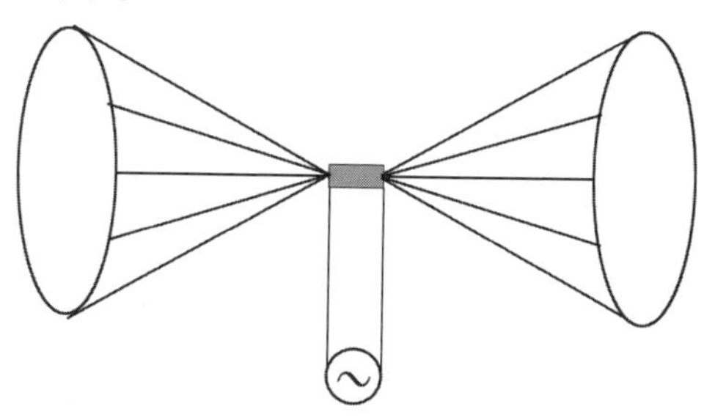

图 54　笼形双锥天线结构图

22 三线天线

三线天线的两极由三条平行振子组成，如图55所示，工作频段2~30MHz，不用天调。与普通双极天线相比，三线天线具有以下显著优势：

（1）三线天线有3~5dB的相对增益，而且在全频段基本上保持2以下的优异驻波比，而普通双极天线在很多频率上的驻波比超过2.5，因此三线天线的辐射效率明显高于普通双极天线。

（2）普通双极天线重心偏斜，随风摆动，状态不稳定，影响通信效果且容易损坏。而三线天线的形态和结构非常合理，架设完成后三条振子始终保持水平，性能稳定，且抗风能力强，不易损坏。

（3）普通双极天线只能平拉架设，而三线天线有平拉和倒V两种架设方式，具有多种用途。

（4）三线天线在近距离（覆盖“静区”）的通信效果远比普通双极天线好，中远距离通信效果也相对好些。

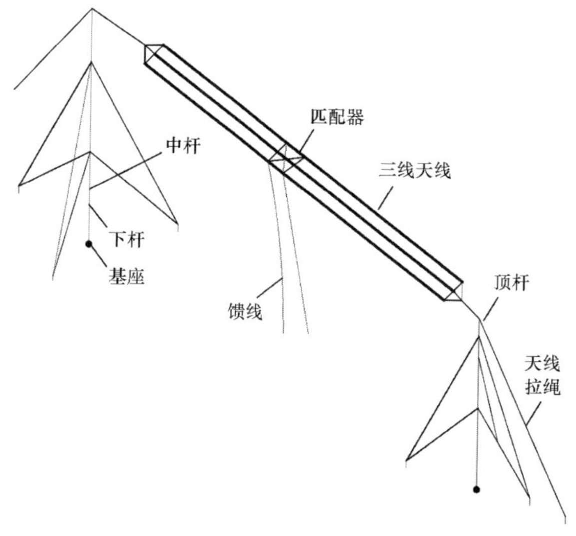

图 55　三线天线平拉架设图

三线天线有两种架设方式及其不同用途：

（1）平拉架设

平拉架设主要用于点对点定向通信，或点对扇面的通信。三线天线平拉架设方法与普通宽带天线相同，都是在天线的两端架设高杆，将天线在两杆之间拉直，但是三线天线平拉架设的方向图与普通宽带天线不同。在较低频率下，普通宽带天线的方向图是双球形，方向性强，在天线的窄边方向没有辐射；而三线天线的方向图是椭圆形，不仅在宽边方向辐射很强，在窄边方向也有一定辐射。因此三线天线在平拉状态下能够兼顾窄边方向的通信，适应性比普通宽带天线要强得多。其主要性能指标见表1。

表1　三线天线平拉架设性能指标

指标名称	性能指标	备注
工作频率	2～30MHz	
增益	5dB	
驻波比	2	90%频点
阻抗	50/600Ω	
方向图	垂直圆＋水平椭圆	
方向性	全向	

（2）倒V架设

倒V架设方式是三线天线独有的特点，如图56所示。这种架设方式产生360°全向辐射，在较低频率下还能够产生高仰角辐射，因此可以作为通信网的中心站天线。特别是对于移动通信，三线天线的优势更为明显。它符合移动通信中心站的各类要素：全向；兼顾近、中、远各种距离；与各种类型、各种极化方式的车载、船载、固定台的天线都能良好兼容。其主要性能指标见表2。

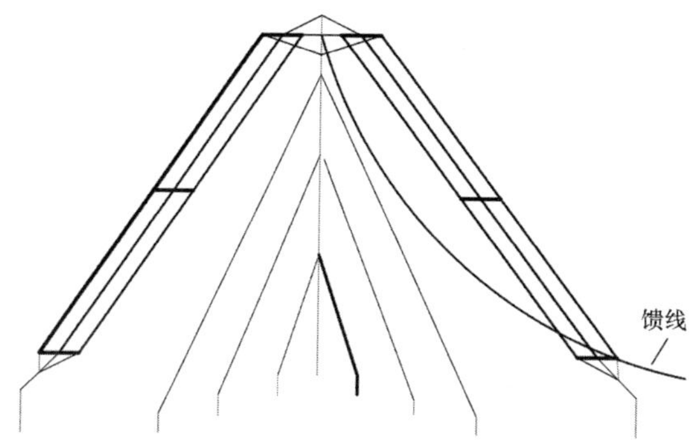

图 56　三线天线倒 V 架设图

表 2　三线天线倒 V 架设性能指标

指标名称	性能指标	备注
工作频率	2～30MHz	
增益	5dB	
驻波比	2	90% 频点
阻抗	50/600Ω	
方向图	垂直圆＋水平椭圆	
方向性	全向	

23 对数周期天线

对称振子的工作频带比较窄，如果用若干个对称振子构成一般的振子阵，由于振子之间的耦合作用，振子阵的带宽则比单个振子的带宽还要窄。

但是，若用一系列长度不等的对称振子按不同间距排列起来组成一个特殊的长振子阵，即对数周期振子阵，则可得到宽频带特性，如图 57 所示。

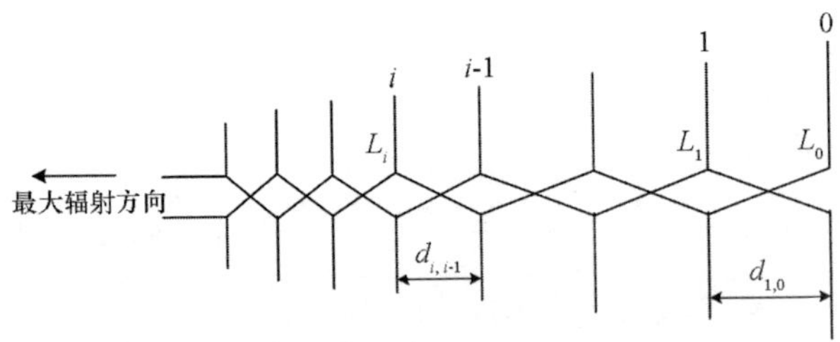

图 57 对数周期振子阵

在低频端，长振子阵中仅仅是末端附近的那几个长度较长的振子处于或接近谐振状态，能真正得到馈电，其余振子由于长度较短，在其输入端呈现的容抗较大，振子上的电流较小，所以它们的辐射很弱。在高频端，则仅仅是长振子阵中始端附近的那几个长度较短的振子处于或接近谐振状态，能真正得到馈电。当工作频率由低向高变动时，真正起辐射作用的那几个振子的位置，从末端逐步向始端移动。

通常，把真正起辐射作用的那几个振子所在的区域称为有效辐射区。当工作频率变化时，仅仅是振子阵的有效辐射区沿阵轴移动，即可获得宽频带性能。

在对数周期天线中，由于真正起辐射作用的只是处于和接近谐振状态的那几个振子所构成的有效辐射区，因此对数周期天线的方向性是由有效辐射区内的这几个振子组成的阵决定的，其最大辐射方向是从长振子指向短振子的方向。

对数周期天线的缺点是天线幕庞大、结构复杂，水平极化的对数周期天线占用场地面积较大。

图 58 所示为水平极化对数周期天线高度为 0.3λ 和 0.5λ 时的典型辐射图。其最大辐射仰角分别为 45°及 30°。根据图形，要获得 20°以下的低仰角，天线高度应在 0.75λ 以上。对于低端频率，架设这样高的天线，造价昂贵。

单片水平极化对数周期天线的绝对增益在 10~12dB 之间，其值与单元振子的排列情况有关。水平极化对数周期天线可以组成多片结构，以提高增益。此外，在天线场地受限时，常使用可转动的刚性振子结构，其下限工作频率一般为6MHz。

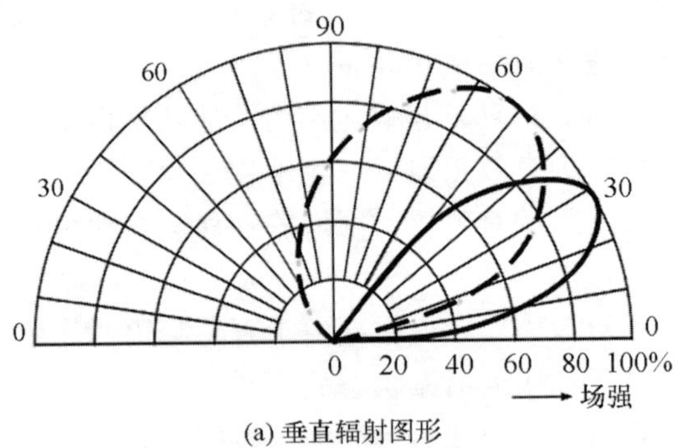

(a) 垂直辐射图形

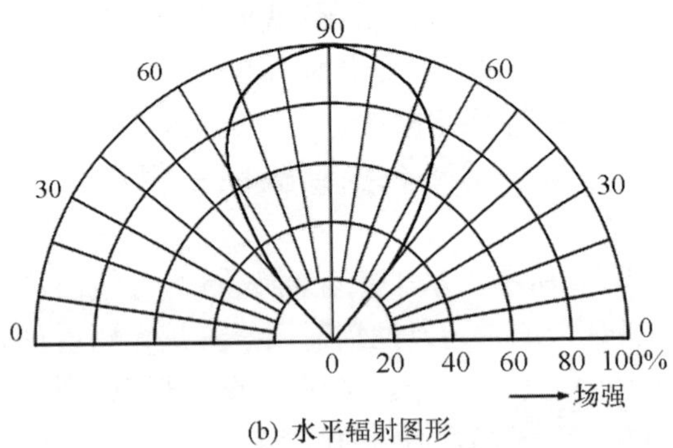

(b) 水平辐射图形

架设高度：- - - 0.3λ —— 0.5λ

图58 单片水平极化对数周期天线的典型辐射图形

典型单片对数周期天线的主要性能指标见表3。

表 3　单片对数周期天线性能指标

指标名称	性能指标	备注
工作频率	2～30MHz	
增益	12dB	平均
驻波比	2	90% 频点
阻抗	50/300Ω	
极化方式	水平＋垂直	

双片水平极化对数周期天线的频带与单片天线基本相同，但其增益根据天线结构的不同，将提高到 13～15dB。其辐射仰角随频率变化而变化，例如，某一天线在 3MHz 时，天线高度为 0.5λ，其半功率点仰角为 11°和 55°，最大辐射分量在 33°处；而在 30MHz 时，天线高度约为 1.4λ，半功率点仰角为 4°和 16°，最大辐射分量在 10°处，如图 59 所示。在夜间使用时，由于工作频率降低和仰角增高，跳数可能会增加，但夜间路径衰减减小，因此对接收质量的影响较小。

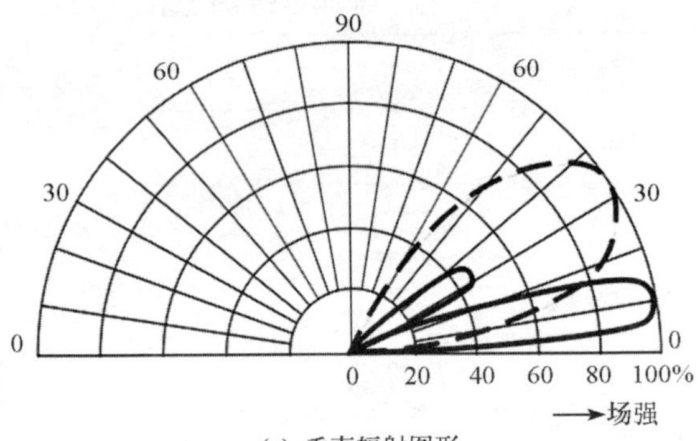

(a) 垂直辐射图形

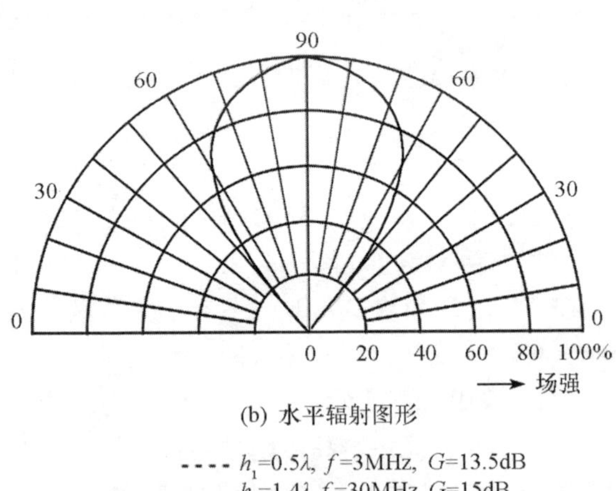

(b) 水平辐射图形

图 59　双片水平极化对数周期天线的典型辐射图形

单片垂直极化对数周期天线架设在中等导电地面上时，其增益为 8～9dB（中等导电地面），如果敷设地网，增益可提高到 10～12dB。

当采用双片天线时，天线增益提高 3dB。其垂直辐射图形与单片相同，而水平辐射图半功率波束宽度只有单片的一半，如图 60 所示。这种天线由于不论使用夜频还是日频，都具有低仰角辐射的特性，因此适宜用作远距离发射天线。

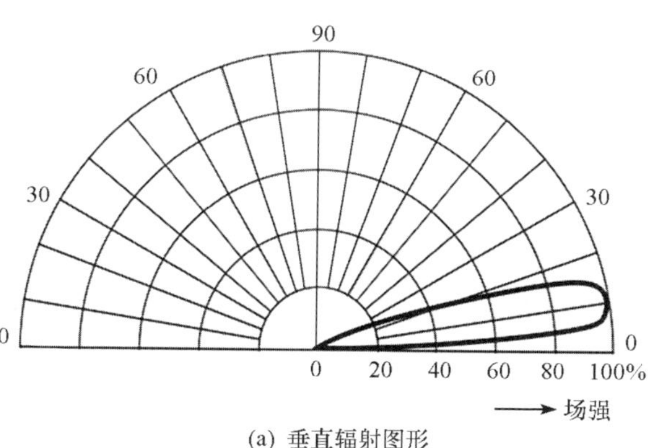

(a) 垂直辐射图形

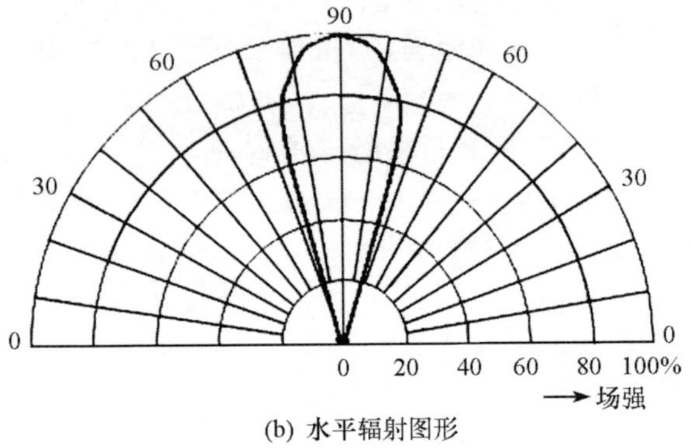

(b) 水平辐射图形

图 60　双片垂直极化对数周期天线的典型辐射图形

24　菱形天线

当水平对称天线或鞭状天线被看成等效传输线时，它们工作处于驻波状态，线上电流呈驻波分布，其输入阻抗随频率的变化比较敏感，故输入阻抗的频率特性决定了它们的工作频带较窄。由于承载行波的传输线的输入阻抗等于它的特性阻抗，因此当某种天线的等效传输线工作处于行波状态时，就输入阻抗特性而言，显然是宽频带的。菱形天线就属于这种行波天线，它可以被看成由终端接有匹配负载的行波双导线演变而来，其结构示意图如图 61 所示。

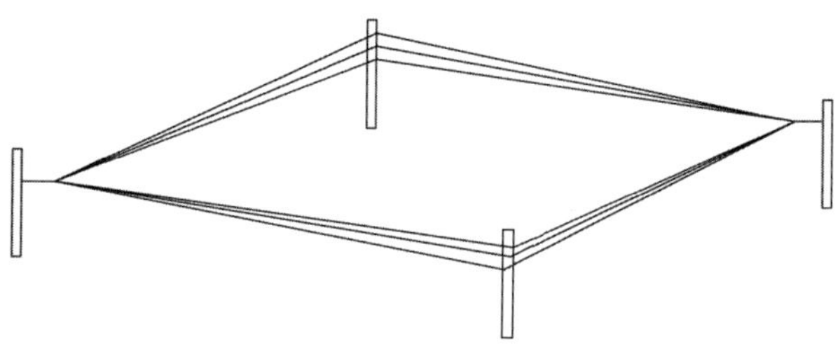

图 61　菱形天线的结构示意图

菱形天线的基本程式是单菱天线，其变形很多，包括双菱天线、平行双菱天线、叠菱天线、偏菱天线等。此外，垂直架设的半菱天线和三角形天线也都是由菱形天线变化而成。

菱形天线具有单方向辐射的性能，其水平最大辐射方向与其长轴一致。辐射图中主瓣较窄，且随工作波长变化而变化，波长越短，主瓣越窄。双菱天线和平行双菱天线的主瓣在水平面内比单菱天线窄；叠菱天线的主瓣在垂直面内比单菱天线窄。

菱形天线的垂直和水平辐射图形如图 62 所示。其垂直辐射图形随着频率升高，仰角逐渐下降，在工作频率最低时，仰角最高；在工作频率最高时，仰角最低。

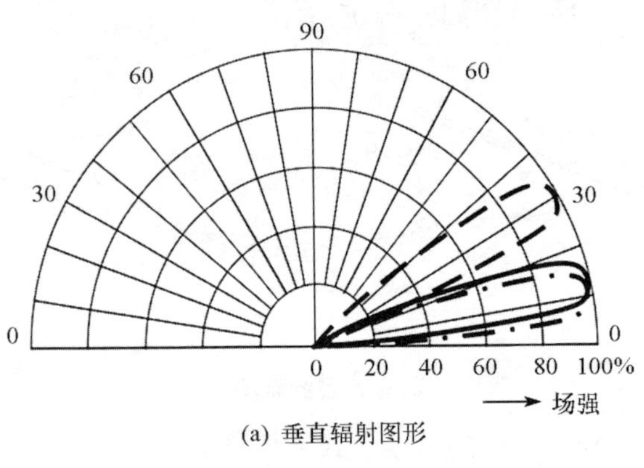

(a) 垂直辐射图形

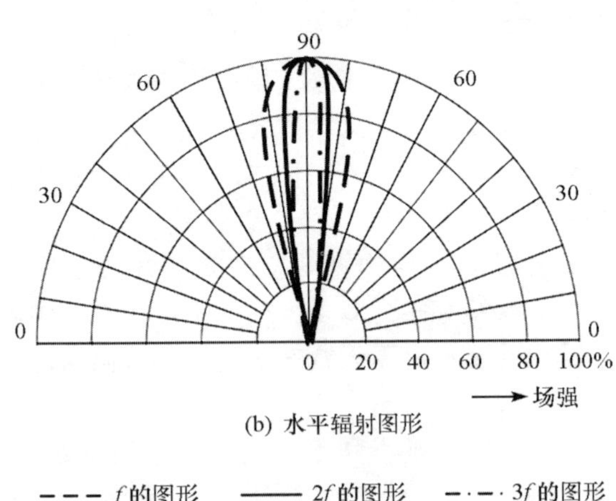

(b) 水平辐射图形

- - - f的图形　　—— $2f$的图形　　-·-· $3f$的图形

图 62　菱形天线的典型辐射图形

25 高仰角天线

与以上几小节所介绍的天波天线不同，高仰角天线虽然也运用天波方式进行传播，但由于静区的存在，其通信距离较近。为解决短波通信的静区问题，通常可以选用高仰角辐射的天线，使电波能量最大程度地垂直向上辐射，经电离层反射后到达地面，缩小静区的外半径。

半环天线就是一类典型的高仰角天线，如图 63 所示。天线由 4 根 1m 天线连接形成 4m × 1m 鞭状天线，然后弯曲成半径 2. 5m 的半环状。半

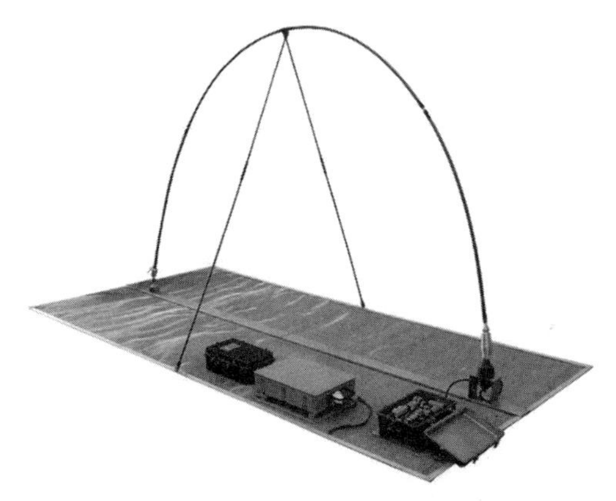

图 63 半环天线实物图

环下方的铝合金基架（1.5m×3m）也是天线的一部分，天线的两个端点都与基架进行连接，形成一个完整的闭合环天线，即单体电磁环天线，馈电则为其中一个端点。

电台发射时，电磁波围绕天线环径向辐射，同时借助基架强化垂直辐射能量，从而在50°~90°仰角区域形成“对空喷涌”状的方向图，经电离层反射后可覆盖半径200~500km内的区域。当电台车驻扎建站时，可将半环天线恢复成4m×1m鞭状天线，用于远距离通信，此时可再接入一节1m天线体，形成5m鞭状天线，可获得更好的效果。

26　AT10350动中通蘑菇天线（超短波）

AT10350动中通蘑菇天线（超短波）外壳为玻璃钢纤维，采用三颗强力吸铁石吸附于车顶使用，如图64所示。由于吸附力强、不会产生晃动，主要应用于车辆动中通信、高速行驶通信。天线的使用效果比任何形式的吸盘要好。其增益6dB，频率范围320~540MHz，最大功率100W，驻波比小于1.5，垂直极化。

图 64　AT10350 动中通蘑菇天线（超短波）

27　柯顿 ENVOY 系列无线电台

ENVOY TM2200 系列短波电台由澳大利亚柯顿公司生产，是所有系列中最直观、可靠和先进的新型短波电台，如图 65 所示。电台具有自适应功能，能够在极端天气下使用，为用户提供清晰、可靠的语音和数据通信，在任何时间和地点都不需要基础通信设施。其最大功率 125W，适合用作移动台和基地台。ENVOY TM2200 电台的植入式 IP 连接使常规的模拟无线电不能进行控制选择。通过使用短波信号与互联网媒介，就可以进行十分清晰的全球实时数字语音通话。该电台可设置 1 000 个编程信道（单工或半双工），20 个扫描组，储存 500 个地址，发射频率 1.6~30MHz，接收频率 250kHz~30MHz。

图 65　柯顿 ENVOY 系列无线电台

28　柯顿 2110 系列背负式短波电台

柯顿 2110 系列背负式短波电台操作简单，轻便坚固，用于行进中、远距离语音和数据通信，如图 66 所示。其收发器和电池外壳由轻质合金与高强塑料制成，附带数据接口，并配置有不同型号天线、电池及背包，可与柯顿 NGT 系列电台兼容，并与其他商业、军用电台互通，适应野外恶劣环境条件。其中，柯顿2110V仅有语音功能，柯顿2110有语音功能和数传功能（外接调制解调器），二者均为商业电台。柯顿2110M是军用电台，内置跳频和语音加密选件。

图66　柯顿2110系列背负式短波电台

柯顿2110系列电台集成了自动天线调谐器，具有GPS、数字消噪和自测功能，以确保用户可进行简单操作及维护。自动报文处理能力包括远程诊断，GPS轮询和发送，通话和紧急呼叫。为防止ALE发射信道被占用，发射前可倾听信道状况，具有同时多个网络扫描能力。

柯顿2110系列电台配备MIL - STD - 188 - 141BALE自适应（选件），其中，柯顿2110可达到600个信道和20个网络，并可连接柯顿

9350 鞭天线配套使用。柯顿 2110M 可连接柯顿 9350M 鞭天线配套使用，可以配置柯顿 2110M 的跳频选件，选择变频速度，每秒变频 6、12 或 25 次，还有一个独特的 18 位安全跳频键。

29 柯顿大功率短波电台

柯顿系列的大功率短波电台适用于语音和数据传输，峰值功率（PEP）为 500W 和 1 000W，如图 67 所示。立式机柜集成，能经受全模式的数据和语音连续工作。标准机柜内安装了 NGTSR 电台、电台电源、手咪、扬声器、功率放大器及功放电源。其接收频率范围 250kHz ~ 30MHz，发射频率范围 1.6 ~ 30MHz，编程信道 400 个（单工或半双工），输出阻抗 50Ω。电台主要特点包括：可外接自动天调，并在高功率发射前处于自动保护状态；适用于各种操作模式的语音和数据传输；当主电源中断时，电台 125W PEP 待机。

图 67　柯顿大功率短波电台

30　宝丽 4050D 全能软件化短波电台

宝丽公司第五代短波电台 4050D 基于新一代 SDR 软件无线电技术平台，操作系统、通信功能、电气性能均脱胎换骨，全面超越久负盛名的上一代 2050 和 2090 电台，如图 68 所示。

图 68　宝丽 4050D 全能软件化短波电台

4050D 的功能可以满足多数用户的需求，同时为军事和安全用户提供数字化升级包选项，升级后可选配数字话音、数字加密、3G－ALE、跳频等高端功能。其发射频率范围 1.6～30MHz，接收频率范围 0.25～30MHz，信道容量 1 000 个（可设 30 个扫描组）。4050D 的接收性能进一步大幅提升，能够辨析强烈噪声中更微弱的信号。在 24V 供电时，其发射功率达 150W，可显著强化车台、船台的上行信号。这意味着更远的通信距离、更佳的信噪比和通信质量。4050D 不仅提供基于 MIL－STD－188－141B 和 FED－STD－1045 标准的 2G－ALE 功能选项，还提供基于 STANAG 4538 标准的 3G－ALE 功能选项，支持强干扰条件下高速建链，可组建大容量短波数字化通信网。跳频用于抗主动干扰和窃听。4050D的跳频功能选项基于宝丽首创的天基同步模式，无延时，永固同步，一键进出，跳速可选5跳或25跳，并可通过改变编码控制跳频带宽，适应不同天线。升级版4050D的数字话音选项，声码器处理速度可选600/1 200/2 400bps，能够在信噪比差的条件下完成音频信号的数字化处理，延时短，完全无噪声，并以数字信号为基础实现DES加密（256bit）。

31　宝丽2050短波自适应电台

宝丽公司第四代产品2050全能数字化电台，创建了全新的理念，达到当前短波应用技术的顶峰，如图69所示。从结构上看，一部2050电台可实现固定、移动、背负各种用途；从功能上看，2050电台不仅涵盖短波陆基、航空、海事所有功能，而且实现了通信功能和状态参数处理的完全软件化。此外，2050电台环境特性符合欧洲和美国军标，同时也能够提供跳频、加密等军用和安全功能。

图 69 宝丽 2050 短波自适应电台

2050 电台可用于固定、船载、车载、机载、背负各种用途，特别是符合海用环境条件，为用户的采购、使用和管理提供了很大便利。为了满足军用等严酷使用环境，2050 电台采用坚固的耐碰撞铝合金壳体、密封防水键盘；外部采用军品接口，抗震、防尘、防水等环境参数符合军用要求，确保 2050 电台在野战条件下的可靠通信。其具有 500 个全息编程信道，信道预先编程简化了通信时的操作，编程内容包括：信道名称、频率、工作方式、本机身份和站址、各种呼叫功能、天线选择等。四种信道扫描方式包括：①扫描预置的信道；②设定信号电平值，扫描超过此值的信号；③扫描正在通话的信道；④扫描选呼信号。发射功率可选 125W、30W、15W，用面板按键切换。在2050电台上外接GPS接收机，可与2050电台或兼容电台互传GPS坐标，进而用计算机和电子地图实现对移动目标的跟踪监控。从2050电台面板输入32位字符，可直接发送到同网宝丽电台或兼容电台，收方从电台直读，类同GSM和CDMA手机短信。2050电台设有多种兼容方式选项，因此选呼、报警、拨号、短信息、GPS跟踪等功能完全兼容联合国标准和CCIR标准，并兼容柯顿等国际主要厂商的电台。ALE自适应兼容美军标MIL－STD－188－141B、美标FED－STD－1045、中国军标。

32　宝丽PRC－2090短波军用电台

宝丽PRC－2090数字化电台是极为优秀的短波专用战术背负电台，如图70所示。其非常坚固，具有传统战术背负电台厂商提供的全部功能，电台配有全自动天调，可使用各种战术和静态天线。所有连接均按IP67防尘防水标准，采用MIL－STD军用插头。只要通过辅助插口简单地用基于编程系统的直观窗口，就可以配置PRC－2090数字化电台。系统不仅包括背负台，也有车载坞和基站坞，当以车载或基站方式工作时，输出射频功率为100W PEP。其接收频率范围500kHz～30MHz，发射频率范围1.6～30MHz，编程信道容量为500个（单工或半双工）。

图70　宝丽PRC－2090短波军用电台

系统由35W单兵背负电台、100W/150W移动台（单兵台配移动坞和移动天线）、100W/150W基站台（单兵台配基站坞和基站天线）组成。内置美军标或其他调制解调器（硬件功能选项），ESU无主站即时同步跳频（软件功能选项），MIL－STD188－141BALE自适应（软件功能选项），伪随机数字动态加密（软件功能选项），内置数字化加密卡（硬件功能选项），数字化加密送受话手柄（硬件功能选项），DSP数字化消噪声系统。电台的音频系统性能优越，内置DSP消噪系统可有效消除噪声和干扰，选择合适的消噪等级，从而保证信号高质量。

PRC－2090 电台提供短波各种常规功能，包括信道编程、信道分组扫描、调谐接收、静噪、功率选择等。

电池支持连续工作 20h。电池盒内置充电管理系统，可用交直流充电器、太阳能充电器、手摇发电机等充电。

33　宝丽 2040 短波背负电台

澳大利亚宝丽 2040 电台具备宝丽 2050 电台的全部功能，将宝丽 2050 电台插入宝丽 2040 电台背负组件，就能成为轻便的背负电台，功率自动降至 25W，如图 71 所示。背负组件内装有自动天调、14.8V/10Ah 锂电池、电源控制等，面板上设有各种军用插口（2050 电台背板的插口也转移至组件面板）。密封的锂电池安装和拆卸非常方便，可与宝丽 2050 电台同网通信。其发射频率范围 1.6～30MHz，接收频率范围 500kHz～30MHz，编程信道容量为 500 个（单工或半双工）。

图 71　宝丽 2040 短波背负电台

宝丽 2040 短波背负电台由 2050 电台主机、背负组件、便携天线、背包等组成。背负组件内置锂电池和自动天调，外部为机座。将 2050 电台插入机座（功率自动降至 30W PEP）并锁紧，就组成了 2040 背负电台的主体结构。此时 2050 电台背面板的所有插口都转移至背负组件面板，可插接的设备包括麦克风、多种天线、GPS 接收机、充电器、手电键、耳机、数传调制解调器等。

2040 背负电台按军用要求设计，采用密封抗震结构和军用插口，确保防尘、防水、抗摔碰、工作温度等环境参数满足 MIL－810F 美国军标。其可用于徒步通信，也可用于野外临时固定站，一块锂电池充满电可工作 8～10h。配用天线种类包括：3m 折叠鞭天线（含蛇形导杆，用于徒步近距离通信）、10m 软天线（用于临时固定站中近距离通信）、50Ω 天线（野外快速天线、三线天线等，用于临时固定站远距离通信）。

34　宝丽 2075 大功率短波电台

宝丽 2075 电台是大功率 500W 和 1 000W 短波电台，适合作为基站使用，如图 72 所示。宝丽 300～1 000W 系列单边带短波电台机架安装紧凑，适合应用于大型短波通信网。

电台主机为 Barrett 2050，可支持 500 个信道容量和所有模式的使用。功率放大器坚固耐用，LCD 屏可显示功放的操作参数。不需要调谐，功放的 ALC 系统可防止重度不匹配，从而对设备进行保护。具有独立的开关式电源，操作电压范围 110～250VAC，并具有充分的过压保护。

本系统可设置 500 个全息编程信道，信道编程内容包括：本站 ID 站址、收发频率、工作方式、各种通信组网功能等；通用功能包括：信道扫描、静噪、调谐接收、选择工作方式等。此外，可调音频带宽，收窄通带可抑制带外噪声，

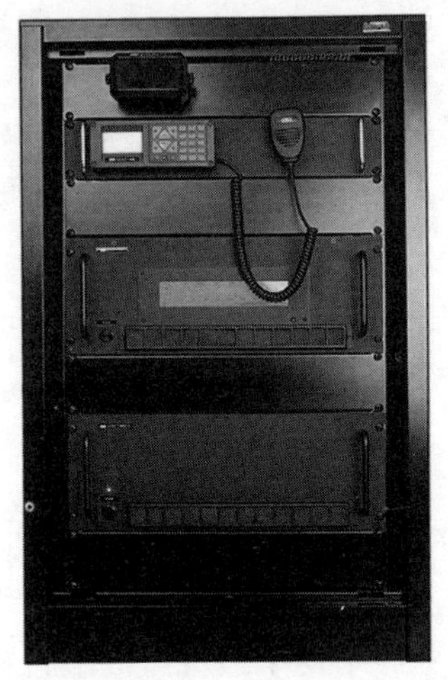

图 72　宝丽 2075 大功率短波电台

改善音质；放宽通带利于高速数传。DSP 消噪可有效消除背景噪声，使话音清晰。

35　艾可慕 IC－A24 手持台

简便的单手操作是艾可慕 IC－A24 手持台最基本也是最重要的特征之一，如图 73 所示。清晰的标记、宽大的键盘提供了非常人性化的设计。大型显示器可以清晰地显示字母和数字，有助于快速识别频率等信息。背光显示器和背光夜明键盘，让用户夜间飞行也会感到非常便利和安全。IC－A24 自动记忆最后 10 个使用过的频道，并且可以便利地在几个频道之间切换，例如 NAV 导航频道和 COM 通信频道。IC－A24 具有甚高频全向信标导航功能。多普勒甚高频全向信标 DVOR 模式显示来自或者到达信标站的位置方向线，航向偏差指示器 CDI 模式显示来自或者到达信标站的航向偏差。用户也可以输入预期的来自或者到达信标站的位置方向线，并在显示器上显示航向偏差。使用美国版本时，双工操作模式允许用户在使用 VOR 导航时呼叫一个通信频道（仅限 IC－A24 机型）。外接直流电源接口允许使用墙式标准充电器 BC－110 或者车用直流变换器 CP－20。如果安装了电池组，用户可

图 73　艾可慕 IC－A24 手持台

以边使用边充电，但充电速度很慢。另外，选购件 BP－208N 电池盒有时十分有用。其发射频率范围 118.000～136.9917MHz，接收频率范围 108.000～136.9917MHz、161.650～163.275MHz，频道间隔 25kHz，存储频道数量 200 个（20 个频道×10 组存储库）。

36　艾可慕 IC－A120 VHF 航空电台

艾可慕 IC－A120 VHF 航空电台配有蓝牙和自动降噪功能，如图 74 所示。其发射/接收频率范围 118.000～136.992MHz，频率步进 25kHz/8.33kHz，发射类型 AM，可存储 200 个信道，显示 12 个字符信道名称。

图 74　艾可慕 IC－A120 VHF 航空电台

电台具有高稳定度，操作简单，其点阵液晶屏性能稳定，可以显示更多信息，可编程操作按键，轻松更换频道和自由编辑频率。增加选配件

UT－133 蓝牙单元，可以连接第三方蓝牙耳机或 VS－3 蓝牙耳机使用，并具有侧音功能。本机内置了 ANC 降噪电路，可以有效降低背景噪声对正常语音通信的干扰，尤其是在非常嘈杂的机场，可以使语音更加清晰。同时自动噪声抑制（ANL）可以减少脉冲类型噪声（如发动机点火声音）的干扰。

37 艾可慕 IC－A220 VHF 航空电台

艾可慕 IC－A220 VHF 航空电台，如图 75 所示，发射频率范围 118.000～136.992MHz，步进 8.33kHz；接收频率范围 118.000～136.975MHz，步进 25kHz。其具有 20 个常规信道、50 个组信道、20 个堆栈信道，输出功率 8W。

图 75　艾可慕 IC－A220VHF 航空电台

38 艾可慕 IC－F8101 短波电台

艾可慕 IC－F8101 短波电台通过 ALE 功能自动检测频率传播及其强度，选择最高质量的信号进行通信，如图 76 所示。IC－F8101 提供 CCIR493 基准的 4 位/6 位开放选呼和 4 位/6 位艾可慕选呼（兼容 F7000）系统。6 位开放选呼系统为其他厂商提供了产品的互用性。选呼可以让用户得到选择呼叫、电话呼叫、信息呼叫、位置呼叫、身份呼叫、紧急呼叫和频道测试呼叫。

图 76　艾可慕 IC－F8101 短波电台

IC－F8101 具有冷却风扇的特性，其封闭性结构能安全防范一切潜在因素的干扰，机型设计明显强于 IC－F7000 和其他竞争机型；IC－

F8101 也具有耐用性，通过了美国军规 MIL－STD－810－G 有关测试和欧洲 IP54 评定等级。同样地，多数的连接电缆和连接器也都采用了 IP54 等级的密封。使用冷却风扇，可以在语音模式操作期间以 125W 强大输出功率满负荷循环运行，数据模式下也可实现 25% 的负荷循环操作（最多 5min 连续发射）。不管怎样，长时间不间断循环发射，或者在炎热气候下将设备安装在封闭的区域内操作，当使用了可选附件外部冷却风扇 CFU－F8100 时，IC－F8101 就可以确保满负荷循环运行语音模式操作和数据模式操作是绝对可靠的。

IC－F8101 设计简约，操作简单。管理员/用户功能可以限制用户访问。管理员可以输入操作频率，并从前面板或遥控麦克风分配内存通道。清晰的通话和静音功能可自动降低噪声并消除触碰按键的声音。呼叫时，静噪功能才打开静噪，而当其他台站通话时，本站的待机状态则为静音状态。当连接外部 GPS 接收器时，IC－F8101 能将用户的准确位置信息传送到其他台站，并且在显示器上用 GPS 的符号显示移动的位置信息、时间、海拔以及标题等。IC－F8101 有一个内部扩展槽，可选择 RapidMTC4 短波数据调制解调器模块，这提供了一个 PC 连接时的高频电子邮件功能。

IC－F8101 具备多种工作模式，包括 AM，SSB，CW 和数据模式，SSB 和 AM 模式为澳大利亚版本。一般接收频率为 500kHz～29.999MHz，发射频率为 1.6MHz～29.999MHz。可提供500 个单台地址。

39 艾可慕 IC－718 短波电台

艾可慕 IC－718 单边带电台，采用 HF 波段，便于用户远距离通信使用，如图 77 所示。其宽动态范围，高 C/N 比率，完备的功能处理等特性设计都只有一个目标：使用户与世界各地的通信更方便、更快捷，而且质量可靠。以功能强、品质高、价格低而著称的 IC－718 也适合于中、小型渔船使用。其操作简单，采用单触式波段开关，通过键盘直接输入频率，自动调节步进，可轻松操控前面板各按键和旋钮；具备 RIT 微调功能，可减少频率误差；具备语音压缩功能，增加了麦克风平均功率，可减少语音失真；具备 RF 增益控制功能，增加弱信号时的接收灵敏度，可调噪声抑制；电台采用 RF 衰减器和前置放大器，具有 101 个存储信道，丰富的 CW 功能，为 CW 发烧友内置电键，VOX 声控发射，可变滤波器选择等功能；通过选购安装 CT－17，电台还具备 CI－V 接口能力。

图 77　艾可慕 IC－718 短波电台

40　艾可慕 IC－F7000 短波电台

艾可慕 IC－F7000 是专门为长距离通信设计的 HF 波段陆上移动电台，如图 78 所示。这样的通信通常需要操作者有特殊的技能，但是 IC－F7000通过采用下列先进功能和特性使 HFLMR 操作变得简单而高效。通过使用类似于电话本的呼叫地址本来直接选择想要的基站台或者群组；可兼容其他品牌的电台；ALE 功能通过检查信号及其强度，自动选择最高质量的信号进行通信；控制器和扬声器与主机分离，主机的尺寸也相应减少，因此 IC－F7000 几乎可以安装在任何地方；GPS 信号呼叫会要求对方发送位置信息，接收台会自动返回位置信息；GPS 位置呼叫会自动发送自己的位置信息；状态呼叫会要求发送电台的状态信息，包括电源电压、输出功率和 VSWR，以便操作者远程监控电台的状态。

图 78　艾可慕 IC－F7000 短波电台

本机具有 125W 大功率发射能力，大型散热片和冷却风扇充分解决了 IC－F7000 的散热问题，方便用户放心使用。IC－F7000 可存储 400 个信道、100 个 ALE 信道、100 个电话号码、100 个选呼 ID、120 个 ALE ID、最大 64 字符短信等。宽频带接收，频率 0.5～29.999MHz。自动天线调节系统，AT230 可以在 IC－F7000 上使用，并方便安装在车上，频率范围 2～30MHz。

41　艾可慕 IC－F211 超短波车载台

艾可慕 IC－F211 具备通话结束确认音、背景照明功能，如图 79 所示。支持 10 种扫描方式和普通/优先扫描，密码开启，符合美国军标 MIL－STD810C、D、E 和 F，挂钩扫描功能和挂钩扫描开/关按键是可分配指定的。

图 79　艾可慕 IC－F211 超短波车载台

艾可慕 IC－F211 具备的 6 个可编程按键和 1 个独立的音量旋钮可以满足用户的特殊需要，向上/向下按键和 P0－P3 按键允许用户自定义使用。独立的音量旋钮提供快捷和简单的操作。本机有 128 个储存信道，分 8 个记忆组，便于灵活管理。存储信道和分组记忆库均可以 8 位字符命名。内置 2 音调、5 音调编解码器，CTCSS、DTCS 编解码器和 DTMF 编码器。标准内置多重信号系统，8 种 DTMF 自动拨号存储器。选购件 DTMF 解码器 UT－108 提供 ANI 功能。频率范围 400～430MHz，频道数 128 个，发射功率 45W，主机尺寸 150mm × 40mm × 117.5mm，重量 800g。标准配置包括主机、手持麦克风、安装支架、电源线、说明书。

42　威泰克斯系列 VX－1700 短波电台

短波多功能移动电台 VX－1700 是一种经济实用的集成式短波通信收发装置，针对全球航海、陆地移动通信及政府机构等市场需求而设计，如图 80 所示。

图 80　威泰克斯系列 VX－1700 短波电台

VX－1700 的频率接收范围为 30kHz ~ 30MHz，其发射频率范围合乎用户的要求。工作模式包括 J2B（USB 或 LSB）、J3E（USB 或 LSB）、A1A、A3E 及 H3E（仅限航海型 2182kHz 条件下）。正因如此，其成为各种语言、电报及众多数据通信应用的理想选择。

威泰克斯系列 VX－1700 拥有下列功能：200 个存储信道（设置为 5 组）；可用键盘输入

频率，频率分辨率达10Hz（存储模式下为100Hz）；存储信道可用字母数字表示。同时，选择呼叫功能可通过调度中心寻呼单个或成组对讲机。选购件包括FC－30外接自动天线调谐器（适用于50Ω不平衡型）、FC－40外接自动天线调谐器（适用于端点馈电任意线或加长线天线）、YA－30宽带偶极天线、YA－007FG移动式天线、MD－100A8X台式机麦克风、MLS－100外接扬声器及ALE－1自动链路建立装置，该装置可根据所编排信道的最佳LQA值自动选择信道。

43　短波固定通信系统

在大型短波固定通信台站中，由于使用的设备功率较大，通常采用收发分离的台站设计形式。根据任务的不同，短波固定通信台站主要分为短波收信台（主要负责各网系之间的沟通联络，传递各类信号、电报）、短波发信台（主要配合收信台完成无线电信号的发射）等，系统常见配置如图81所示。

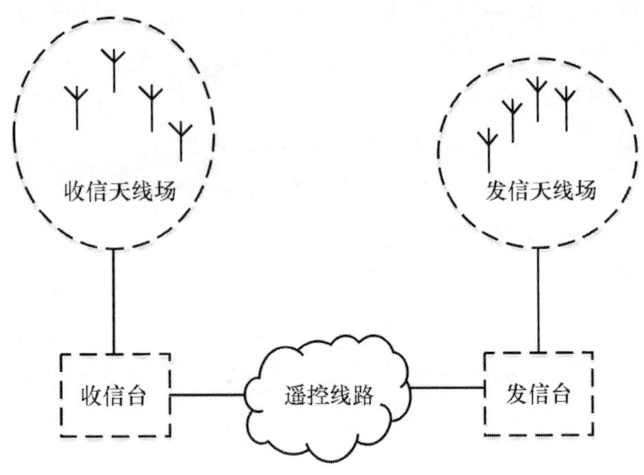

图 81　短波固定通信台站组成示意图

44　短波自适应控制器

自适应控制器主要用来控制短波接收机、发射机，实时选择最佳通信频率，保证通信质量。该设备功能包括自动发送信号、选择呼叫、自动应答、频率扫描、探测以及线路质量分析等，可使操作人员在最短的时间内用最小工作量使一个短波电台和另一个短波电台建立联络与通信。设备应用 DSP 处理技术完成自动线路建立规程的各项功能，应用单片机实现用户的键盘操作处理、界面的显示、本机的内部控制、对接收机和发射机的状态监控以及接受外部终端对本机的遥控等功能，具有较高的自动化程度。

自适应控制器能与短波数字化发射机、短波数字化接收机设备等组成大功率短波自适应通信系统，适合台站、车载和舰船等中远距离报务、话音、数据传输等通信，如图 82 所示。各级通信部门和单位可应用本系统进行自适应点对点或组网通信，完成调度和协同联络等任务。

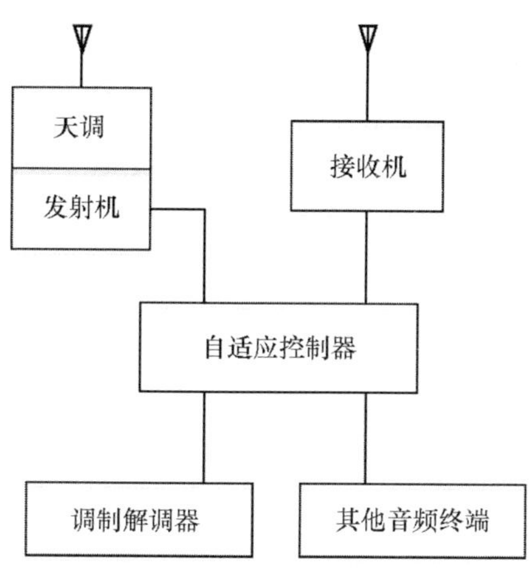

图 82　自适应控制器与相关设备连接关系

45 集中控制系统

短波集中控制系统在各短波固定台站中的作用如图 83 所示，各短波固定台站之间通过宽带传输网连接在一起，形成短波通信网络，短波固定台站内部由控制系统设备、终端设备(综合终端、801 终端等)、信道设备（自适应控制器、接收机、发射机、遥控线路等）以及其他通信系统（如卫星通信系统等）组成，在宽带传输网的支持下，通过上级通信部门的统一规划、配置，控制系统可以实现一点多控、多点互控等功能，提高短波固定台站的抗毁性、灵活性。

短波固定台站控制系统由收信台控制设备和发信台控制设备组成，收信台控制设备包括集中控制台、控制设备列柜、自适应控制器列柜、接收机列柜；发信台控制设备包括发信控制台，由收、发信台共同完成对台站内各种通信设备的监视、控制、调度、管理等功能，同时在上级通信组织部门的统一规划、管理下，通过宽带传输网，实施对其他台站发信设备或自适应通信系统的远程异地遥控。

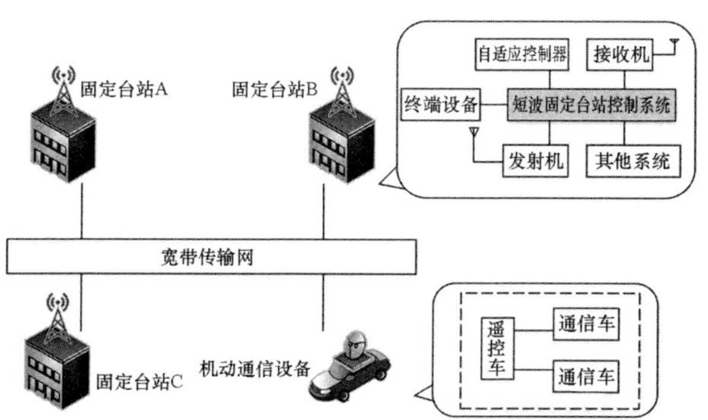

图 83　控制系统在短波固定台站中的作用

3

测试题

1　短波

1. 按照国际无线电咨询委员会的划分，短波是指波长为________的电磁波。

2. 按照国际无线电咨询委员会的划分，短波是指频率为________的电磁波。

3. 在自由空间中传播的无线电波的速度________光速。

4. 设真空中电磁波的频率是10MHz，则其波长是________m。

5. 短波的波长短，沿地球________传播的地波绕射能力差，传播的有效距离短。

6. 短波远距离通信最主要的传播方式是________传播。

2　短波通信

1. 利用________进行的无线电通信称为短波通信。

2. 短波通信又称________通信。

3. 为了充分利用短波________通信的优点，短波通信实际使用的频率范围超出了高频频段。

4. 为了充分利用短波通信的优点，短波通信实际使用的频率范围为________ ~30MHz。

5. 短波通信发射电磁波经过电离层的反射才能到达接收设备，通信距离较________，是远程通信的主要手段。

6. 短波通信也可通过________传播实现近距离通信。

3 短波通信特点

1. 短波通信________建立中继站即可实现远距离通信。

2. 短波通信设备________，可固定通信，也可移动通信。

3. 短波通信有很强的使用________。

4. 短波通信________能力强，被破坏后容易恢复。

5. 短波通信可供使用的________，通信容量小。

6. 短波通信天波信道是________信道，信号传输稳定性差。

7. 短波通信大气和工业无线电______严重。

4 短波信道噪声

1. 短波信道的________主要包括大气噪声、人为噪声、电台干扰等。

2. 短波信道中人为噪声在大部分地区都处于________地位。

3. 短波波段的________噪声主要是天电干扰，由大气放电产生。

4. 短波信道天电干扰与电波________和时间有关。

5. 短波电台干扰是指和工作电台频率________的其他无线电台的干扰，包括无意干扰和有意干扰。

6. 无意干扰是短波波段的窄频带和多用户的矛盾造成的，而对于军用电台，敌方的________干扰则是影响通信畅通的主要因素。

5 地波传播

1. 地波传播指的是当电台的收发天线________，且其最大辐射方向沿着地球表面时，电磁波沿着地球表面传播的现象。

2. 地波基本受气象条件的影响________。

3. 地波通信随着电波频率增高，传输损耗迅速________。

4. 地波通信传播信号________。

5. 地波通信适用于无线电波________频率工作。

6. 地波通信多用于________距离通信。

6 电离层结构

1. 电离层位于距离地面________的大气层。

2. 地面一定高度处的大气层比较稀薄，这些稀薄的大气层在________辐射能的作用下，分子或原子中的一个或若干个电子游离出来成为自由电子而发生电离。

3. 大气层的分子或原子中的一个或若干个电子游离出来成为自由电子而发生电离，使高空形成了一个厚度为几百千米的电离现象显著的区域，这个区域被称为________。

4. 电离层通常分成________层结构。

5. 电离层中电子浓度最大的为________层。

7 天波传播

1. 短波通信的主要传播方式是________。

2. 天波是无线电波经由________反射进行传播的一种工作模式。

3. 倾斜投射的天波经电离层反射后，可以传播到几千千米外的地面，天波的________损耗比地波小得多。

4. 短波天波信道是________信道。

5. 由电离层反射回的电波传播较远，尤其是在地面和________之间多次反射（多跳传播）之后，可以达到极远的地方。

8 短波通信静区

1. 在短波传播中，存在着地面波和天波均不能到达的区域，这个区域通常称为________。

2. 短波静区是短波通信的固有特征，缩小静区的方法主要有两种：一是通过调整电台的工作频率或者增大发射功率，进而扩大地波覆盖区域；二是可以调整________的俯仰角，使天波覆盖区域左移。

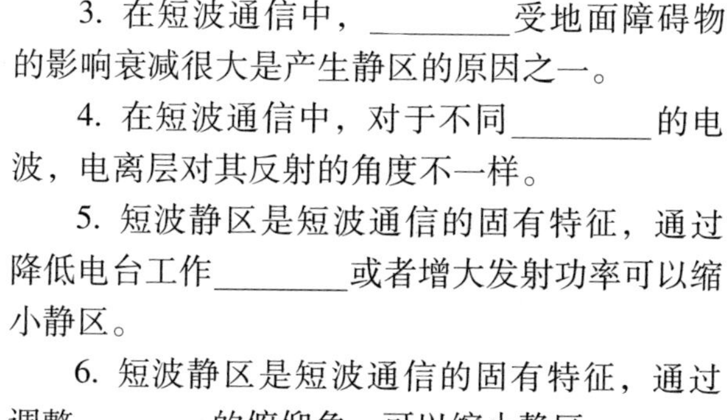

3. 在短波通信中，________受地面障碍物的影响衰减很大是产生静区的原因之一。

4. 在短波通信中，对于不同________的电波，电离层对其反射的角度不一样。

5. 短波静区是短波通信的固有特征，通过降低电台工作________或者增大发射功率可以缩小静区。

6. 短波静区是短波通信的固有特征，通过调整________的俯仰角，可以缩小静区。

9 实时信道估值技术

1. 实时信道估值（RTCE）是描述________测量一组信道的参数，并利用得到的参数值来定量描述信道的状态和对传输某种通信业务的能力的过程。

2. RTCE 的特点是，不考虑电离层的结构和具体变化，从特定的通信________出发，实时地处理到达接收端不同频率的信号。

3. RTCE 根据诸如接收信号的______、信噪比、误码率、多径时延、多普勒频移、衰落特征、干扰分布、基带频谱和失真系数等信道参数评价信道质量。

4. RTCE 根据信道参数的不同情况和不同

________要求，对信道打分排序。

5. RTCE 依据对信道的打分排序，选择通信使用的频段和________。

10　单工工作

1. 广播是一种典型的________通信方式。

2. 单工工作是指一端发送信息，而对端（一个或多个接收端）________不发。

3. 单工工作时收发双方不要求________。

4. 单工工作是比较常用的通信方式。例如，口语或文字新闻广播、各社团企业内部业务广播、气象广播、海浪或冰况情况广播、标准________和时间信号广播、防汛水情通报等业务通常采用单向工作方式。

5. 单工通信对通信系统的设备要求相对比较________。

6. 通常单工通信的通信对象为______对象。

11　半双工工作

1. 半双工工作是指通信双方________向对方发送信息，A 端发送时 B 端接收，B 端发送时

A 端接收。

2. 半双工工作时，双方使用________发射频率。

3. 半双工工作时，双方不能同时________信号。

4. 通常电台半双工工作时共用一副天线，处于发射状态时将天线接到________上。

5. 通常电台半双工工作时共用一副天线，处于接收状态时将天线接到________上。

6. 电台半双工工作时频谱利用率比较________。

12 全双工工作

1. 双向________传送信息的工作方式属于全双工通信。

2. 通常全双工通信收发信道________。

3. 需要双向同时传送信息的业务，例如，要求接入公用或专用通信网的电话业务，双方通话用户不可能根据需要________转换信道的传输方向，因此不能以半双工方式工作。

4. 全双工通信所用频率资源是单工通信的________倍。

5. 多路复用的电报链路不能以______方式

工作。

6. 程控电话属于________通信。

13 无线电波在电离层中的传播特点

1. 电离层对电波的吸收，通常是频率越________，吸收越明显。

2. 天波传播时，大部分情况下电波在电离层________层被反射回地面。

3. 天波传播时，电波的频率越________，越容易穿透电离层。

4. 电波到达电离层，可能发生三种情况：被电离层完全吸收、折射回地球或穿过电离层进入外层空间，这些情况的发生与________密切相关。

14 天波多跳传播

1. 在天波传播中，往往存在着______模式。

2. 在天波传播中电波经过________次反射，称为2F模式。

3. 电波2F模式通常是在________层反射。

4. 采用________模式可以实现短波的全球

回波。

15 最高可用频率

1. 最高可用频率（MUF）是指给定通信________下，能被电离层反射回地面的电波的最高频率。

2. MUF是电波能返回地面和穿出电离层的________值。

3. 频率高于MUF值，则电波穿过________，不再返回地面。

4. 实际使用时，频率通常选为MUF的________倍。

5. 天线仰角越高，MUF越________。

6. 一般纬度越高，MUF越________。

16 短波自适应通信

1. 短波通信具有通信距离远、机动性好、顽存性强和多种通信能力等独特优点，如今仍然被广泛应用。然而，短波通信也存在信道的________特性和________等弱点。

2. 短波自适应通信可以有效应对________

信道。

3. 为了提高短波通信的质量，最根本的途径是实时地避开干扰，找出具有良好传播条件的无噪声信道，完成这一任务的关键是采用______技术。

17 单台间双向链路质量分析

1. 单台间的双向链路质量分析（LQA）是指两个电台对一组________的信道逐个进行线路质量分析。

2. 主呼台首先对目标台发出________信号（包括主叫台和目标台识别地址的编码信号），目标台识别后，接收并测量其信号质量进行评分，再记录下来。

3. 目标台在同一信道上向主呼台发出应答信号，其中包含探测信号和对来自主呼台探测信号的________评分信息。主呼台接收并记录该信息，同时对来自目标台的应答信号的质量进行测量、评分和记录。

4. 主呼台再次通过原信道向目标台发出信号，其中包含对原信道的________总评分信息，从而保证主呼台和目标台关于该信道的质量评分记录完全一致。

5. 短波电台 LQA 后电台状态________。

18 单台间自动链路建立

1. 短波自适应通信系统能根据 LQA________全自动地建立通信线路，这种功能也称自动链路建立（ALE）。

2. 短波电台 ALE 后电台处于________状态。

3. ALE 过程需要经过________次交替发射。

4. 自动建立通信线路是短波自适应通信最终要解决的问题。它是基于接收________、选择呼叫和 LQA 综合运用的结果。

19 单呼

1. 单呼是指主呼台对________台发起的呼叫。

2. 单呼时主呼台首先在目标的______上发起呼叫。

3. 单呼时主呼台发起呼叫后在规定的时间内等待________台的应答。

4. 单呼时目标台收到呼叫后立即发出________信号，并在规定的时间内等待主呼台的确认信号。

5. 单呼时当目标台收到确认信号后，两台间便建立了________（两单台都停留在相同的信道上）。

20　网呼

1. 网呼是指网内成员台对本网内________成员台发起的呼叫。

2. 网呼时主呼台首先在网络________上发起网络呼叫。

3. 网呼时主呼台发起网络呼叫后在规定的时间内等待其他________台的应答。

4. 网呼时主呼台在接收到应答信号，且应答时间结束后，给各成员台发送________信号。

5. 各成员台收到网络呼叫后，按照先后顺序________发出应答信号。

6. 各成员台发出应答信号后，在规定的时间内等待主呼台的________信号，当目标台收到确认信号后，网络内的通信链路便建立了。

21 全呼

1. 全呼是指一种________式的呼叫。

2. 全呼时主呼台呼叫不指向任何特定的________。

3. 收到全呼的成员台也不需要对主呼台做出________。

22 跳频通信

1. 跳频通信可以有效解决________干扰问题。

2. 在广阔地域使用短波通信，都希望通信线路畅通和________。

3. 在广阔地域使用短波通信，经常会遇到窃听、电子________、信道拥塞等问题。

4. 跳频速率越________，抗干扰能力越强。

5. 常规短波电台用________频率发射和接收信号，因而无法避开窃听等问题。

23 跳频图案

1. 跳频通信中改变的是________频率。

2. 短波跳频通信中频率________随意改变。

3. 跳频通信中载波频率改变的规律称为跳频________。

4. 跳频通信中当跳频时隙小于数据码元宽度，跳频速率________数据码元速率时，为快跳频。

5. 跳频图案越复杂，保密性越________。

6. 跳频通信双方的跳频图案________。

24 跳频频率集

1. 跳频系统通常有________个跳频频率集。

2. 跳频频率集是指跳频电台工作时跳变的________频率点的集合。

3. 不同跳频频率集之间要求有较强的________。

4. 跳频系统中，跳频带宽和可供跳变的频率（频道）数目都是________设定好的。

25 跳频速率

1. 跳频速率是指跳频电台载波频率跳变的快慢，通常用每秒载波频率跳变的________来表示。

2. 跳频速率与抗跟踪式________能力有关。

3. 跳频速率越________，抗跟踪式干扰能力越强。

4. 受信道和元器件水平的限制，短波波段跳频速率一般在________跳以下。

5. 跳频通信对抗________式干扰能力有限。

26 HF－90 携带式短波电台

1. 科麦克 HF－90 携带式短波电台是体积小、重量轻、功能强的________型携带式短波电台。

2. HF－90 短波电台，从功能上分为两类型号：HF－90E 常规电台和 HF－90H ________电台。

3. HF－90 携带式短波电台根据携带方式分为手提、________、车载、固定、航空等，多种可选配的天线可作不同距离的用途。

27 AS/H480型短波多馈多模对数螺旋宽带天线

1. AS/H480型天线由多根________振子组成。

2. AS/H480型短波多馈多模天线由短波天线________组成。

3. AS/H480型短波多馈多模天线可同时接入________部短波收发信机。

4. AS/H480型短波多馈多模天线具有________种仰角模式。

5. AS/H480型短波多馈多模天线可满足短波________距离的通信需求。

28 AS/BH短波2.4m鞭天线

1. AS/BH短波2.4m鞭天线主要用于5~________W短波电台。

2. AS/BH短波2.4m鞭天线主要用于短波________电台。

3. AS/BH短波2.4m鞭天线由射频插头、

________、天线体三部分组成。

4. AS/BH 短波 2. 4m 鞭天线的变向器可以使天线在________方位变向。

5. AS/BH 短波 2. 4m 鞭天线在不用时____________，便于携带。

6. AS/BH 短波 2. 4m 鞭天线工作频率范围 1. 6 ~ 30MHz，功率容量________，标称阻抗 50Ω，天线长度 2. 4m，天线重量小于 0. 8kg。

29 AS/V200 型车载超短波宽带鞭天线

1. AS/V200 型车载超短波宽带鞭天线的工作频率________ ~88MHz。

2. AS/V200 型车载超短波宽带鞭天线具有增益高、________、结构通用、工作可靠等特点。

3. AS/V200 型车载超短波宽带鞭天线的标称阻抗________Ω。

4. AS/V200 型车载超短波宽带鞭天线电压驻波比小于________。

5. AS/V200 型车载超短波宽带鞭天线的极化方式为________极化。

6. AS/V200 型车载超短波宽带鞭天线功率

容量________，天线长度1.8m，重量3.5kg。

30　AS/HU230型车载超短波宽带鞭天线

1. AS/HU230型车载超短波宽带鞭天线的频率范围________~512MHz，广泛适用于各车载式VHF/UHF电台。

2. AS/HU230型车载超短波宽带鞭天线最大的特点是采用新型________技术。

3. AS/HU230型车载超短波宽带鞭天线不需________，即可使天线获得更高的增益和辐射效率。

31　AS/H400型短波三角形宽带天线

1. AS/H400型系列短波三角形天线是新型的便携式短波高效________天线。

2. AS/H400型系列短波三角形天线的突出优点是用__________振子替代了传统的线形振子。

3. AS/H400型系列短波三角形天线通过“低馈”的方式达到________电阻。

4. AS/H400 型系列短波三角形天线的天线辐射效率________。

5. AS/H400 型系列短波三角形天线的频率范围________ ~30MHz。

6. AS/H400 型系列短波三角形天线的功率容量________。

32 AS/H420 型水平硬振子短波对数周期天线

1. AS/H420 型水平硬振子短波对数周期天线从增益来看属于________。

2. AS/H420 型水平硬振子短波对数周期天线从方向性来看属于________天线。

3. AS/H420 型水平硬振子短波对数周期天线从工作带宽来看属于________天线。

4. AS/H420 型水平硬振子短波对数周期天线经过特有方法对比例因子进行优化，在________的前提下使天线体积减小 12%，半功率角增加 10°，在楼顶或场地狭小的环境中具有独特优势。

5. 常规情况下，AS/H420 型水平硬振子短波对数周期天线通信半径大于________km，是各类短波固定站定向通信的可靠保证。

6. AS/H420 型水平硬振子短波对数周期天线的频率范围______~30MHz，标称阻抗 50Ω，电压驻波比小于 2，增益 8~10dB，功率容量 2kW。

33 AS/H450 型车载垂直软振子短波对数周期天线

1. AS/H450 型车载垂直软振子对数周期天线是一种典型的________天线。

2. AS/H450 型车载垂直软振子对数周期天线在________振子部分采取了加电感和振子加顶的结构方式。

3. AS/H450 型车载垂直软振子对数周期天线采取了加电感和振子加顶的结构方式，延展了________。

4. AS/H450 型车载垂直软振子对数周期天线的频率范围________~30MHz。

5. AS/H450 型车载垂直软振子对数周期天线的电压驻波比小于________。

6. AS/H450 型车载垂直软振子对数周期天线采用________极化，标称阻抗 50Ω，额定功率 10kW。

34 AS/H460 型短波半菱形宽带天线

1. AS/H460 型短波半菱形宽带天线是一款适用于快速________的轻便化短波宽带天线。

2. AS/H460 型短波半菱形宽带天线是________天线半结构的变形。

3. AS/H460 型短波半菱形宽带天线使用频率在________MHz 以上的辐射方向图具有明显的方向性。

4. AS/H460 型短波半菱形宽带天线有利于对指定目标进行自适应或________通信。

5. AS/H460 型短波半菱形宽带天线的频率范围 2 ~ 30MHz，标称阻抗 50Ω，电压驻波比小于 2，增益 5dB，功率容量________kW。

35 AS/H470 型短波伞锥形宽带天线

1. AS/H470 型短波伞锥形宽带天线是典型的短波________宽带天线。

2. AS/H470 型短波伞锥形宽带天线利用加粗振子平缓特性阻抗的方式________了工作带宽。

3. AS/H470 型短波伞锥形宽带天线精心设计伞锥天线体避免了因加粗位置过低而导致辐射能量被吸收的弊端，在垂直极化同类产品中辐射性能最______。

4. AS/H470 型短波伞锥形宽带天线按照免维护要求设计，是构建各类短波全向通信网或________的优选产品。

5. AS/H470 型短波伞锥形宽带天线的频率范围________~30MHz。

6. AS/H470 型短波伞锥形宽带天线的功率容量________kW。

36 AS/L250－14 型 3G 信号移动基站天线

1. AS/L250－14 型 3G 信号移动基站天线由________套定向天线（AS/L250－14）、______套安装架组成。

2. AS/L250－14 型 3G 信号移动基站天线的起始频率为________MHz。

3. AS/L250－14 型 3G 信号移动基站天线的终止频率为________MHz。

4. AS/L250－14 型 3G 信号移动基站天线的电压驻波比________1.5。

5. AS/L250－14 型 3G 信号移动基站天线的天线增益________dB，垂直极化，标称阻抗 50Ω，额定功率 60W。

37　三线式短波基站天线

1. 三线式短波基站天线采用________结构。

2. 三线式短波基站天线辐射______，各频点性能均匀，重量轻，架设状态平稳，抗风能力强。

3. 三线式短波基站天线不需要配接__________。

4. 三线式短波基站天线在________MHz 以下较低频段工作时，提供高仰角，有利于克服通信盲区。

5. 三线式短波基站天线在较低频段工作时，提供高仰角，有利于克服________~100km 内的通信盲区。

38　KD－125BX 野外快速短波天线

1. KD－125BX 天线架设________、体积小、重量轻、便于携带。

2. KD－125BX 天线不用________，能满足快捷通信要求。

3. KD－125BX 天线辐射效率高、通讯距离可达________km 以上。

4. KD－125BX 天线近程无盲区、多种架设方式可实现定向，________通信。

5. KD－125BX 天线的频率范围 1.6～30MHz，驻波比小于2，天线主振子长 20m，辅助振子长 5m，最大功率________W，全套重量 2kg。

39　三线式宽频带短波基站天线

1. 三线式宽频带短波基站天线在技术上采用________网络和加载技术。

2. 三线式宽频带短波基站天线具有工作频带________的特点。

3. 三线式宽频带短波基站天线电压驻波比________。

4. 三线式宽频带短波基站天线具有辐射效率高、免________等技术特点。

5. 三线式宽频带短波基站天线在结构上采用独特的三线偶极结构，具有性能稳定、抗风________、不易损坏等特点。

6. 三线式宽频带短波基站天线适用于________的短波通信。

40 TBP115－3 型便携式短波天线

1. TBP115－3 型便携式短波天线工作频率范围________~30MHz。

2. TBP115－3 型便携式短波天线功率容量大于________W。

3. TBP115－3 型便携式短波天线自动天调________范围小于 5%。

4. TBP115－3 型便携式短波天线主要由双极天线、鞭天线杆、馈线、拉线、地钉等部件组成。双极天线振子（双极单臂）长度______m。

5. 双极天线振子（双极单臂）单臂另加________m延长线。

6. 双极天线振子线抗拉强度大于______N。

41 宝丽 910 自调谐短波鞭天线

1. 宝丽 910 自调谐短波鞭天线以产生最大高频电流为________。

2. 宝丽 910 自调谐短波鞭天线辐射效率优

于以________为调谐目标的普通车载鞭天线。

3. 宝丽910自调谐短波鞭天线调速快，调谐成功率________，体积小，重量轻，安装方便。

4. 宝丽910自调谐短波鞭天线最远通信半径超过________km。

5. 车载鞭天线受传输原理限制，内陆地区15～100km存在________。

6. 宝丽910自调谐短波鞭天线的工作频率________～30MHz，调谐速度1.5s，输入阻抗50Ω，重量2.6kg。

42 KD－180BX短波便携宽带双极天线

1. 单兵通信是________系统中最重要的环节，在历次灾难救援中，短波背负台都承担着灾区内外联络的重任。

2. KD－180BX天线用于短波背负台______通信。

3. KD－180BX天线用于车载台________。

4. KD－180BX天线振子采用强力钢铜复合线材，长18m，宽0.4m，工作频段______～30MHz。

5. KD－180BX 天线经全国范围测试，配合 125W 背负台可通 2 000km 以上，配合 30W 背负台可通 1 500km 以上，近距离________。

43　AT230 短波鞭天线

1. AT230 天线在技术上称为________。

2. AT230 天线的调谐方式使天线在________不变的条件下延长了电长度。

3. AT230 天线延长了电长度，并增强了下半部鞭体的________。

4. AT230 天线比常见的底部调谐式鞭天线辐射效率________。

5. AT230 天线不仅明显延长________传播距离，而且产生一定的高仰角辐射。

6. AT230 天线增强电离层________，改善了 100km 内近距离盲区。

44　AT10350 动中通蘑菇天线（超短波）

1. AT10350 动中通蘑菇天线外壳为玻璃钢纤维，采用三颗强力吸铁石________于车顶使用。

2. AT10350 动中通蘑菇天线由于吸附力强、不会产生晃动，主要应用于车辆________和________。

3. AT10350 动中通蘑菇天线的增益______dB，驻波比小于 1.5，垂直极化。

4. AT10350 动中通蘑菇天线的频率范围________~540MHz。

5. AT10350 动中通蘑菇天线的最大功率________W。

45 柯顿 ENVOY 系列无线电台

1. ENVOY TM2200 系列短波电台由澳大利亚________公司生产，是所有系列中最直观、可靠和先进的新型短波电台。

2. ENVOY TM2200 系列短波电台具有________功能，能够在极端天气下使用，为用户提供清晰、可靠的语音和数据通信，在任何时间和地点都不需要基础通信设施。

3. ENVOY TM2200 系列短波电台最大功率________W，适合用作移动台和基地台。

4. ENVOY TM 电台的植入式________连接使常规的模拟无线电不能进行控制选择。

5. ENVOY TM2200 系列短波电台可设置

________个编程信道（单工或半双工）。

6. ENVOY TM2200 系列短波电台可设置________个扫描组，储存 500 个地址，发射频率 1.6～30MHz，接收频率 250kHz～30MHz。

46　柯顿 2110 系列背负式短波电台

1. 柯顿 2110 系列背负式短波电台操作简单，轻便坚固，用于行进________距离语音和数据通信。

2. 柯顿 2110M 是________，内置跳频和语音加密选件。

3. 柯顿 2110 系列背负式短波电台操作简单，轻便坚固，可与柯顿________系列电台兼容，并与其他商业、军用电台互通，适应野外恶劣环境条件。

4. 柯顿 2110V 仅有语音功能，柯顿 2110 有语音功能和数传功能（外接调制解调器），均为________电台。

47　柯顿大功率短波电台

1. 柯顿系列的大功率短波电台适用于____

____和________传输。

2. 柯顿系列的大功率短波电台峰值功率（PEP）为______W和______W。

3. 柯顿系列的大功率短波电台的接收频率范围________kHz~30MHz。

4. 柯顿系列的大功率短波电台适的发射频率范围1.6~________MHz。

5. 柯顿系列的大功率短波电台的编程信道________个（单工或半双工）。

48 宝丽4050D全能软件化短波电台

1. 宝丽公司第五代短波电台4050D基于新一代________软件无线电技术平台，操作系统、通信功能、电气性能均脱胎换骨，全面超越久负盛名的上一代2050和2090电台。

2. 宝丽公司第五代短波电台4050D的功能可以满足多数用户的需求，同时为军事和安全用户提供数字化升级包选项，升级后可选配数字话音、数字加密、3G-ALE、_________等高端功能。

3. 宝丽公司第五代短波电台4050D的发射频率范围________~30MHz。

4. 宝丽公司第五代短波电台4050D的接收

频率范围0. 25 ~ ________MHz。

5. 宝丽公司第五代短波电台4050D的信道容量为________个（可设30个扫描组）。

6. 宝丽公司第五代短波电台4050D在________V供电时，其发射功率达150W，可显著强化车台、船台的上行信号。

49　宝丽2050短波自适应电台

1. 从结构上看，一部2050电台可实现________、移动、背负各种用途。

2. 从功能上看，2050电台不仅涵盖短波陆基、航空、海事所有功能，而且实现了通信功能和状态参数处理的________。

3. 2050电台环境特性符合欧洲和美国________。

4. 2050电台环境能够提供________、加密等军用和安全功能。

50　宝丽PRC－2090短波军用电台

1. 宝丽PRC－2090数字化电台是极为优秀的短波专用________背负电台。

2. 宝丽 PRC－2090 数字化电台具有传统战术背负电台厂商提供的全部功能，电台配有________。

3. 宝丽 PRC－2090 数字化电台可使用各种战术和________。

4. 只要通过辅助插口简单地用基于编程系统的直观窗口，就可以配置 PRC－2090 数字化电台。系统不仅包括背负台，也有车载坞和基站坞，当以车载或基站方式工作时，输出射频功率为________W PEP。

5. 宝丽 PRC－2090 数字化电台的接收频率范围________kHz～30MHz，发射频率范围 1.6～30MHz。

6. 宝丽 PRC－2090 数字化电台的编程信道容量为________个（单工或半双工）。

51 宝丽 2040 短波背负电台

1. 澳大利亚宝丽 2040 电台具备宝丽 2050 电台的全部功能，将宝丽 2050 电台插入宝丽 2040 电台背负组件，就能成为轻便的背负电台，功率自动降至________W。

2. 澳大利亚宝丽 2040 电台的背负组件内装有自动天调、________V/10Ah 锂电池、电源控

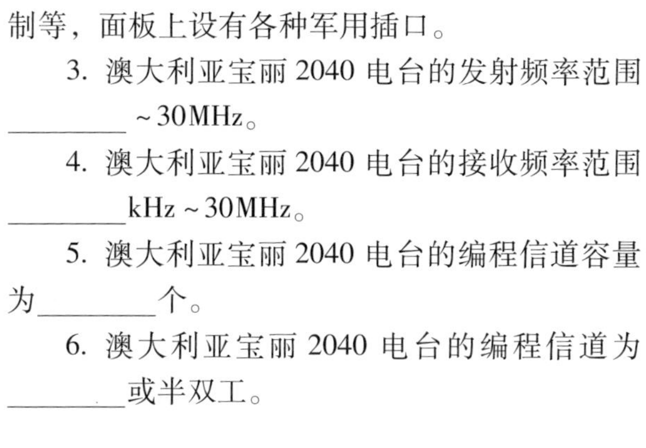

制等，面板上设有各种军用插口。

3. 澳大利亚宝丽 2040 电台的发射频率范围________~30MHz。

4. 澳大利亚宝丽 2040 电台的接收频率范围________kHz~30MHz。

5. 澳大利亚宝丽 2040 电台的编程信道容量为________个。

6. 澳大利亚宝丽 2040 电台的编程信道为________或半双工。

52　宝丽 2075 大功率短波电台

1. 宝丽 2075 电台是大功率________W 和 1 000W短波电台。

2. 宝丽 2075 电台是大功率短波电台，适合作为________使用。

3. 宝丽 300~1 000W 系列________短波电台机架安装紧凑。

4. 宝丽 300~1 000W 系列短波电台适合应用于大型短波________。

5. 宝丽 300~1 000W 系列短波电台主机为 Barrett 2050，可支持________个信道容量和所有模式的使用。

6. 宝丽 300~1 000W 系列短波电台不需要

调谐，功放的________系统可防止重度不匹配，从而对设备进行保护。

53　艾可慕 IC－A24 手持台

1. 艾可慕 IC－A24 手持台自动记忆最后________个使用过的频道。

2. 艾可慕 IC－A24 手持台自动记忆频道，并且可以便利地在几个频道之间切换，例如____导航频道和______通信频道。

3. 艾可慕 IC－A24 手持台具有甚高频全向信标导航功能。多普勒甚高频________DVOR 模式显示来自或者到达信标站的位置方向线。

4. 艾可慕 IC－A24 手持台具有甚高频全向信标导航功能。________指示器 CDI 模式显示来自或者到达信标站的航向偏差。

54　艾可慕 IC－A120VHF 航空电台

1. 艾可慕 IC－A120VHF 航空电台配有________和________功能。

2. 艾可慕 IC－A120VHF 航空电台的频率范围（发射/接收）________~136.992MHz。

3. 艾可慕 IC－A120VHF 航空电台的频率步进 25kHz/________kHz。

4. 艾可慕 IC－A120VHF 航空电台的发射类型为________。

5. 艾可慕 IC－A120VHF 航空电台可存储________个信道，显示 12 个字符信道名称。

55 艾可慕 IC－A220 VHF 航空电台

1. 艾可慕 IC－A220 VHF 航空电台，______范围 118.000～136.992MHz。

2. 艾可慕 IC－A220 VHF 航空电台，发射频率步进________kHz。

3. 艾可慕 IC－A220 VHF 航空电台，______范围 118.000～136.975MHz。

4. 艾可慕 IC－A220 VHF 航空电台，接收频率步进________kHz。

5. 艾可慕 IC－A220 VHF 航空电台有______个常规信道。

6. 艾可慕 IC－A220 VHF 航空电台有 50 个组信道，________个堆栈信道。

56　艾可慕 IC – F8101 短波电台

1. 艾可慕 IC – F8101 短波电台通过________功能自动检测频率传播及其强度。

2. 艾可慕 IC – F8101 短波电台可自动检测频率传播及其强度，选择________的信号进行通信。

3. 艾可慕 IC – F8101 提供 CCIR493 ________4 位/6 位开放选呼和 4 位/6 位艾可慕选呼（兼容 F7000）系统。

4. 艾可慕 IC – F8101 短波电台具有________位开放选呼系统。

5. 艾可慕 IC – F8101 短波电台的开放选呼系统为其他厂商提供了产品的________。

6. 艾可慕 IC – F8101 短波电台选呼可以让用户得到________、电话呼叫、信息呼叫、位置呼叫、身份呼叫、紧急呼叫和频道测试呼叫。

57　艾可慕 IC – 718 短波电台

1. IC – 718 单边带电台，HF 波段，在________上便于用户使用。

2. IC－718 单边带电台具有________，高C/N比率，完备的功能处理等特性。

3. IC－718单边带电台的通信质量________。

4. 以功能________、品质________、价格________而著称的 IC－718 单边带电台也适合于中、小型渔船使用。

58 艾可慕 IC－F7000 短波电台

1. IC－F7000 具有________W 大功率发射能力，大型散热片和冷却风扇充分解决了 IC－F7000 的散热问题，方便用户放心使用。

2. IC－F7000 可存储________个信道。

3. IC－F7000 可存储________个 ALE 信道。

4. IC－F7000 可存储________个电话号码。

5. IC－F7000 可存储________个选呼 ID。

6. IC－F7000 可存储________个 ALE ID。

59 艾可慕 IC－F211 超短波车载台

1. 艾可慕 IC－F211 支持______种扫描方式和普通/优先扫描。

2. 艾可慕 IC－F211 具备______个可编程按键和 1 个独立的音量旋钮。

3. 艾可慕 IC－F211 本机具有______个储存信道。

4. 艾可慕 IC－F211 分______个记忆组，便于灵活管理。

5. 艾可慕 IC－F211 的______和分组记忆库均可以 8 位字符命名。

60　威泰克斯系列 VX－1700 短波电台

1. 短波多功能移动电台 VX－1700 的频率接收下限为________kHz。

2. 短波多功能移动电台 VX－1700 的频率接收上限为________MHz。

3. 短波多功能移动电台 VX－1700 的工作模式有________个。

4. 短波多功能移动电台 VX－1700 的工作模式包括 J2B（USB 或 LSB）、________（USB 或 LSB）、A1A、A3E 及 H3E（仅限航海型 2182kHz 条件下）。

参考答案

1 短波

1. 10~100m 2. 3~30MHz 3. 等于 4. 30 5. 表面 6. 天波

2 短波通信

1. 短波 2. 高频 3. 远距离 4. 1.5 5. 远 6. 地波

3 短波通信特点

1. 不需要 2. 简单 3. 灵活性 4. 抗毁 5. 频段窄 6. 变参 7. 噪声干扰

4 短波信道噪声

1. 噪声 2. 主导 3. 大气 4. 频率 5. 相近 6. 有意

5 地波传播

1. 较低 2. 小 3. 增大 4. 较稳定 5. 低端 6. 近

6 电离层结构

1. 60~1 000km 2. 太阳 3. 电离层 4. 4 5. F2

7　**天波传播**

1. 天波传播　2. 电离层　3. 传播　4. 变参　5. 电离层

8　**短波通信静区**

1. 静区　2. 发射天线　3. 地波　4. 频率　5. 频率　6. 发射天线

9　**实时信道估值技术**

1. 实时　2. 模型　3. 能量　4. 通信质量　5. 频率

10　**单工工作**

1. 单工　2. 只收　3. 对答　4. 频率　5. 简单　6. 非确定

11　**半双工工作**

1. 轮流　2. 同一个　3. 发送　4. 发射机　5. 接收机　6. 高

12　**全双工工作**

1. 同时　2. 不同　3. 随时　4. 2　5. 半双工　6. 全双工

13　**无线电波在电离层中的传播特点**

1. 低　2. F2　3. 高　4. 频率

14　**天波多跳传播**

1. 多跳　2. 两　3. F　4. 多跳

15　**最高可用频率**

1. 距离　2. 临界　3. 电离层　4. 0.85　5. 小　6. 小

16 短波自适应通信

1. 时变色散　2. 高电平干扰　3. 时变色散
4. 自适应

17 单台间双向链路质量分析

1. 预置　2. 探测　3. 质量　4. 质量
5. 不变

18 单台间自动链路建立

1. 矩阵　2. 建链　3. 三　4. 自动扫描

19 单呼

1. 单个目标　2. 地址　3. 目标　4. 应答
5. 链路

20 网呼

1. 其他　2. 地址　3. 成员　4. 确认
5. 依次　6. 确认

21 全呼

1. 广播　2. 地址　3. 应答

22 跳频通信

1. 单频　2. 保密　3. 对抗　4. 大
5. 固定

23 跳频图案

1. 载波　2. 不能　3. 图案　4. 大于
5. 强　6. 相同

24 跳频频率集

1. 多　2. 载波　3. 正交性　4. 预先

25 跳频速率

1. 次数 2. 干扰 3. 高 4. 50 5. 拦阻

26 HF－90 携带式短波电台

1. 超小 2. 跳频 3. 背负

27 AS/H480 型短波多馈多模对数螺旋宽带天线

1. 对数螺旋 2. 阵列 3. 三 4. 三 5. 远、中、近

28 AS/BH 短波 2.4m 鞭天线

1. 20 2. 跳频 3. 变向器 4. 任意 5. 可折叠 6. 30W

29 AS/V200 型车载超短波宽带鞭天线

1. 30 2. 频带宽 3. 50 4. 2.8 5. 垂直 6. 200W

30 AS/HU230 型车载超短波宽带鞭天线

1. 30 2. 分段匹配 3. 调谐

31 AS/H400 型短波三角形宽带天线

1. 宽带 2. 三角形 3. 增大辐射 4. 较高 5. 2 6. 2kW

32 AS/H420 型水平硬振子短波对数周期天线

1. 高增益 2. 定向 3. 宽带 4. 增益不变 5. 3 000 6. 6

33 AS/H450 型车载垂直软振子短波对数周期天线

1. 高增益定向 2. 低频 3. 有效带宽

4. 4　5. 2　6. 垂直

34　**AS/H460 型短波半菱形宽带天线**

1. 应急通信　2. 菱形　3. 6　4. 跳频　5. 2

35　**AS/H470 型短波伞锥形宽带天线**

1. 垂直极化　2. 拓展　3. 高　4. 干扰站　5. 2　6. 10

36　**AS/L250－14 型 3G 信号移动基站天线**

1. 3；1　2. 1920　3. 2170　4. 小于　5. 14

37　**三线式短波基站天线**

1. 三极　2. 效率高　3. 天调　4. 10　5. 30

38　**KD－125BX 野外快速短波天线**

1. 快捷　2. 天调　3. 1 500　4. 全向　5. 125

39　**三线式宽频带短波基站天线**

1. 宽带匹配　2. 宽　3. 小　4. 天调　5. 能力强　6. 固定台站

40　**TBP115－3 型便捷式短波天线**

1. 1. 6　2. 125　3. 不调谐　4. 15　5. 7　6. 300

41　**宝丽 910 自调谐短波鞭天线**

1. 调谐目标　2. 最小驻波比　3. 高　4. 1 000　5. 近距离盲区　6. 2

42　**KD－180BX 短波便携宽带双极天线**

1. 应急通信　2. 远距离　3. 静中通　4. 3　5. 无盲区

43 **AT230 短波鞭天线**

1. 中部调感式 2. 物理长度 3. 高频电流 4. 高得多 5. 地波 6. 垂直入射

44 **AT10350 动中通蘑菇天线（超短波）**

1. 吸附 2. 动中通信；高速行驶通信 3.6 4.320 5.100

45 **柯顿 ENVOY 系列无线电台**

1. 柯顿 2. 自适应 3.125 4. IP 5.1 000 6.20

46 **柯顿 2110 系列背负式短波电台**

1. 中、远 2. 军用电台 3. NGT 4. 商业

47 **柯顿大功率短波电台**

1. 语音；数据 2.500；1 000 3.250 4.30 5.400

48 **宝丽 4050D 全能软件化短波电台**

1. SDR 2. 跳频 3.1.6 4.30 5.1 000 6.24

49 **宝丽 2050 短波自适应电台**

1. 固定 2. 完全软件化 3. 军标 4. 跳频

50 **宝丽 PRC－2090 短波军用电台**

1. 战术 2. 全自动天调 3. 静态天线 4.100 5.500 6.500

51 **宝丽 2040 短波背负电台**

1.25 2.14.8 3.1.6 4.500 5.500 6. 单工

52　**宝丽 2075 大功率短波电台**

1. 500　2. 基站　3. 单边带　4. 通信网　5. 500　6. ALC

53　**艾可慕 IC－A24 手持台**

1. 10　2. NAV；COM　3. 全向信标　4. 航向偏差

54　**艾可慕 IC－A120VHF 航空电台**

1. 蓝牙；自动降噪　2. 118. 000　3. 8. 33　4. AM　5. 200

55　**艾可慕 IC－A220VHF 航空电台**

1. 发射频率　2. 8. 33　3. 接收频率　4. 25　5. 20　6. 20

56　**艾可慕 IC－F8101 短波电台**

1. ALE　2. 最高质量　3. 基准的　4. 6　5. 互用性　6. 选择呼叫

57　**艾可慕 IC－718 短波电台**

1. 远距离通信　2. 宽动态范围　3. 可靠　4. 强；高；低

58　**艾可慕 IC－F7000 短波电台**

1. 125　2. 400　3. 100　4. 100　5. 100　6. 120

59　**艾可慕 IC－F211 超短波车载台**

1. 10　2. 6　3. 128　4. 8　5. 存储信道

60　**威泰克斯系列 VX－1700 短波电台**

1. 30　2. 30　3. 5　4. J3E